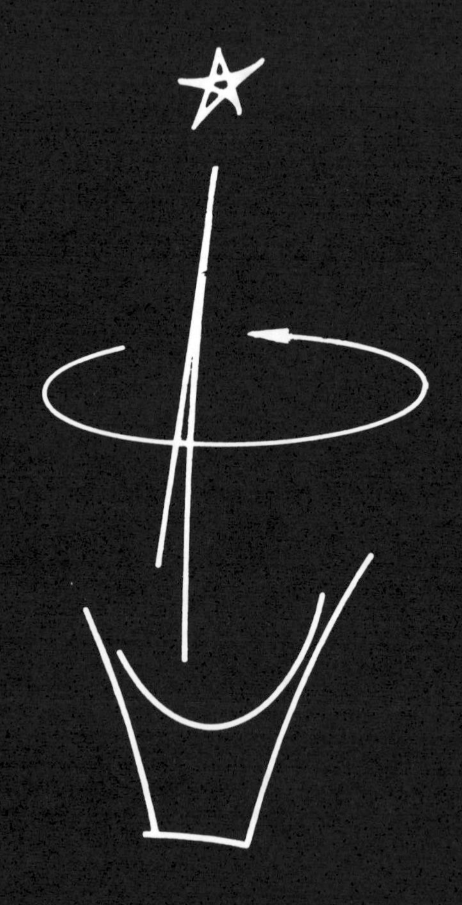

Ilustração de André Bastelli

UMA NOVA FÍSICA

Coleção Big Bang
Dirigida por Gita K. Guinsburg

Equipe de Realização – Revisão: Priscila Ursula dos Santos; Capa: Sérgio Kon; Assessoria Editorial: Plinio Martins Filho; Editoração Eletrônica: Ponto & Linha; Produção: Ricardo W. Neves e Heda Maria Lopes.

LIBRI COSMO. Fo. V.

Schema huius præmissæ diuisionis Sphærarum.

UMA NOVA FÍSICA

ANDRÉ KOCH TORRES ASSIS

HABITACVLVM DEI ET OMNIVM ELECTORVM

COELVM

Primum Mobile

Cristallinum

Firmamentum

SATVRNI

IOVIS

EDITORA PERSPECTIVA

1ª edição – 1ª reimpressão

EDITORA PERSPECTIVA S.A.

Av. Brigadeiro Luís Antônio, 3025
01401-000 São Paulo – SP – Brasil
Telefax.: (11) 3885-8388
www.editoraperspectiva.com.br
2002

Sumário

Agradecimentos

Agradeço a todos aqueles que têm me apoiado nesta jornada. Aos alunos de graduação e de pós-graduação que seguiram meus cursos sobre a Mecânica Relacional, sobre a Eletrodinâmica de Weber, sobre o Princípio de Mach e sobre Cosmologia, pelas críticas construtivas. Aos meus alunos de iniciação científica, mestrado e doutorado que desenvolveram e continuam a desenvolver pesquisas nestas áreas. Dei uma primeira versão deste trabalho a algumas pessoas: Drs. Roberto de A. Martins, Marcelo de A. Bueno, Werner M. Vieira, Márcio A. de Faria Rosa, Arden Zylberstajn, Domingos S. L. Soares e Haroldo C. Velho. As sugestões e idéias recebidas auxiliaram bastante no aprimoramento do trabalho. A André Bastelli, pela figura estilizada do balde de Newton e pelo estímulo.

Ao Center for Electromagnetics Research, Northeastern University (Boston, EUA), que me recebeu por um ano, no qual tive a primeira idéia de escrever este livro e onde discuti seu conteúdo com alguns colegas. Aos Institutos de Física e de Matemática da UNICAMP, que deram todo o apoio necessário para a realização deste trabalho. E acima de tudo aos meus pais, esposa e filhos por tudo aquilo que representam para mim.

Prefácio

A mecânica clássica estuda o movimento dos corpos, baseada nas leis de Newton, de 1687. Ela utiliza os conceitos de espaço, tempo e movimento absolutos, assim como o de massa e referenciais inerciais. Neste século Einstein apresentou em 1905 e 1916 as teorias da relatividade restrita e geral como uma alternativa à formulação de Newton. É esta formulação de Einstein que se aceita como padrão na física hoje em dia.

Neste livro apresentamos uma formulação diferente da física, com o objetivo de suplantar as teorias de Newton e Einstein. Ela é baseada numa lei de Weber para a gravitação e implementa quantitativamente as idéias de Leibniz, de Berkeley e do físico Ernst Mach. Todos eles criticaram fortemente os conceitos de espaço e tempo absolutos de Newton. Esta nova física, chamada de Mecânica Relacional, se baseia apenas em conceitos relativos como a distância entre os corpos que interagem, suas velocidades e acelerações radiais.

Essencialmente propomos aqui um novo paradigma para a física. Entendemos paradigma no sentido apresentado por Thomas Kuhn em seu livro extremamente importante intitulado *A Estrutura das Revoluções Científica* [kuhn 82].

Iniciamos apresentando a mecânica newtoniana, depois as críticas a esta formulação apresentadas por Leibniz, Berkeley e Mach. Em seguida apresentamos as teorias de Einstein. Finalmente introduzimos a mecânica relacional e mostramos como ela fornece respostas satisfatórias a todas as críticas anteriores.

Este trabalho é escrito para pessoas sem conhecimento prévio do assunto. Está redigido de forma não matemática, de maneira a tornar o assunto acessível e atrativo a um número maior de leitores. Uma versão mais formal deste livro, incluindo as derivações matemáticas, tem como título *Mecânica Relacional* [assis 98], sendo o título da versão em inglês *Relational Mechanics*. Ele se destina não apenas aos profissionais das áreas de física, engenharia e matemática mas também aos alunos de segundo grau, de cursinho e de universidade que se interessam pelas questões fundamentais da física.

Mecânica Clássica

Formulação de Newton

A mecânica é o ramo da física que estuda o equilíbrio e o movimento dos corpos. A visão clássica da mecânica foi apresentada por Isaac Newton (1642-1727) em seu livro *Princípios Matemáticos de Filosofia Natural*, de 1687 [newton 34]. Este livro é em geral conhecido pela primeira palavra de seu título em latim, *Principia*, cuja primeira parte já se encontra traduzida para o português: [newton 90]. A outra grande obra de Newton, *Óptica*, foi publicada pela primeira vez em 1704, em inglês. Ela já se encontra totalmente traduzida para o português, de onde tiramos as citações [newton 96].

O *Principia* começa com oito definições, sendo a primeira a de massa inercial de um corpo ou sua quantidade de matéria, definida pelo produto de sua densidade pelo volume que ocupa:

Definição 1: A quantidade de matéria é a medida da mesma, obtida conjuntamente a partir de sua densidade e volume.

Assim, o ar com o dobro de densidade, num espaço duplicado, tem o quádruplo da quantidade; num espaço triplicado, o sêxtuplo da quantidade. O mesmo deve ser entendido com respeito à neve, pó fino ou matéria pulverizada, condensados por compressão ou liquefação, bem como para todos os corpos que, por quaisquer causas, são condensados diferentemente. Não me refiro, aqui, a um meio, se é possível dizer que tal meio existe, que permeia livremente os interstícios entre as partes dos corpos. É essa quantidade que doravante sempre denominarei pelo nome de corpo ou massa. A qual é conhecida através do peso de cada corpo, pois é proporcional ao peso, como encontrei com experimentos com pêndulos, realizados muito rigorosamente, os quais serão mostrados mais adiante.

Em seguida Newton define o momento linear ou quantidade de movimento do corpo pelo produto de sua massa e de sua velocidade:

Definição II: A quantidade de movimento é a medida do mesmo, obtida conjuntamente a partir da velocidade e da quantidade de matéria.

O movimento do todo é a soma dos movimentos de todas as partes; portanto, em um corpo com o dobro da quantidade, com a mesma velocidade, o movimento é duplo; com o dobro da velocidade, é quádruplo.

Em seguida vêm as definições de força inercial, de força imprimida, de força centrípeta e de suas quantidades absoluta, acelerativa e motora.

Vem então um Escólio extremamente importante e famoso com as definições e distinções entre tempo, espaço e movimento absolutos e relativos:

Até aqui estabeleci as definições dos termos acima do modo como eles são menos conhecidos e expliquei o sentido no qual eles devem ser entendidos no que segue. Não defino tempo, espaço, lugar e movimento, por serem bem conhecidos de todos. Contudo, observo que o leigo não concebe essas quantidades sob outras noções, exceto a partir das relações que elas guardam com os objetos perceptíveis. Daí surgem certos preconceitos, para a remoção dos quais será conveniente distingui-las entre absolutas e relativas, verdadeiras e aparentes, matemáticas e comuns.

(I) O tempo absoluto, verdadeiro e matemático, por si mesmo e da sua própria natureza, flui uniformemente sem relação com qualquer coisa externa e é também chamado de duração; o tempo relativo, aparente e comun é alguma medida de duração perceptível e externa (seja ela exata ou não uniforme) que é obtida através do movimento e que é normalmente usada no lugar do tempo verdadeiro, tal como uma hora, um dia, um mês, um ano.

(II) O espaço absoluto, em sua própria natureza, sem relação com qualquer coisa externa, permanece sempre similar e imóvel. Espaço relativo é alguma dimensão ou medida móvel dos espaços absolutos, a qual nossos sentidos determinam por sua posição com relação aos corpos, e é comumente tomado por espaço imóvel; assim é a dimensão de um espaço subterrâneo, aéreo ou celeste, determinado pela sua posição com relação à Terra. Espaços absoluto e relativo são os mesmos em configuração e magnitude, mas não permanecem sempre numericamente iguais. Pois, por exemplo, se a Terra se move, um espaço de nosso ar, o qual relativamente a Terra permanece sempre o mesmo, em um dado tempo será uma parte do espaço absoluto pela qual passa o ar, em um outro tempo será outra parte do mesmo, e assim, entendido de maneira absoluta, será continuamente mudado.

(III) Lugar é uma parte do espaço que um corpo ocupa, e de acordo com o espaço, é absoluto ou relativo. (...)

(IV) Movimento absoluto é a translação de um corpo de um lugar absoluto para outro; e movimento relativo, a translação de um lugar relativo para outro. (...)

A seguir Newton apresenta seus três axiomas ou leis do movimento:

Lei I: Todo corpo continua em seu estado de repouso ou de movimento uniforme em uma linha reta, a menos que seja forçado a mudar aquele estado por forças imprimidas sobre ele.

Lei II: A mudança de movimento é proporcional à força motora imprimida, e é produzida na direção da linha reta na qual aquela força é imprimida.

Lei III: A toda ação há sempre oposta uma reação igual, ou, as ações mútuas de dois corpos um sobre o outro são sempre iguais e dirigidas a partes opostas.

Corolário I: Um corpo, submetido a duas forças simultaneamente, descreverá a diagonal de um paralelogramo no mesmo tempo em que ele descreveria os lados pela ação daquelas forças separadamente.

(...)

Corolário V: O movimento de corpos encerrados em um dado espaço são os mesmos entre si, esteja esse espaço em repouso, ou se movendo uniformemente em uma linha reta sem qualquer movimento circular.

(...)

Em geral chama-se de lei da inércia a sua primeira lei do movimento.

Chamando a força resultante atuando sobre o corpo de massa inercial m_i de $\vec{F}$ e supondo que sua massa é constante durante o movimento, vem que sua segunda lei do movimento pode ser escrita como

$$\vec{F} = m_i \vec{a}$$

onde $\vec{a} = d\vec{v}/dt$ é a aceleração do corpo em relação ao espaço absoluto e $\vec{v}$ sua velocidade. Neste livro só trataremos de situações onde a massa é uma constante, não discutindo casos típicos de variação de massa, como o do caminhão que vai perdendo areia ao se locomover ou o do foguete que vai diminuindo sua massa ao expelir combustível para o exterior.

É conhecida como lei de ação e reação a sua terceira lei do movimento e como lei do paralelogramo, o seu primeiro Corolário.

Seu quinto corolário introduz o conceito de referenciais inerciais, isto é, sistemas de referência que se movem com uma velocidade constante em relação ao espaço absoluto. Sua segunda lei do movimento $\vec{F} = m_i \vec{a}$ pode ser aplicada não apenas em relação ao espaço absoluto, mas também em qualquer referencial inercial.

A expressão de força mais famosa e conhecida de todos também é devida a Newton: a lei da gravitação universal. Ela afirma que a força de atração entre dois corpos de massas gravitacionais m_{g1} e m_{g2} separados por uma distância r está ao longo da reta que os une e é dada por:

$$F = G\frac{m_{g1}m_{g2}}{r^2}$$

onde $G = 6{,}7 \times 10^{-11} m^3/kg\ s^2$ é uma constante universal.

Na primeira parte de seu livro Newton provou dois teoremas extremamente importantes, relacionados com a força exercida por uma casca esférica sobre corpos pontuais internos e externos:

Seção XII: As forças atrativas de corpos esféricos

Proposição 70. Teorema 30: Se para cada ponto de uma superfície esférica tenderem forças centrípetas iguais, que diminuem com o quadrado das distâncias a partir desses pontos, afirmo que um corpúsculo localizado dentro daquela superfície não será atraído de maneira alguma por aquelas forças.

Isto é, se um corpo está localizado em qualquer lugar no interior da casca esférica (e não apenas sobre seu centro), a força resultante exercida por toda a casca sobre ele é nula. Este resultado só seria óbvio caso o corpo estivesse no centro da casca, por simetria. Quando ele se afasta da origem este resultado é altamente não trivial. Se a casca não for esférica ou se a lei de força não cair com o quadrado da distância, em geral este resultado deixa de ser válido.

Proposição 71. Teorema 31: Supondo-se o mesmo que acima, afirmo que um corpúsculo localizado fora da superfície esférica é atraído em direção ao centro da esfera com uma força inversamente proporcional ao quadrado de sua distância até este centro.

Isto é, um corpo colocado fora da casca esférica é atraído como se a casca estivesse concentrada em seu centro. Novamente este resultado não é trivial. Se a casca não for esférica ou se a lei de força não cair com o quadrado da distância a partir de cada ponto, este resultado em geral também deixa de ser válido.

Com estes teoremas e com a lei da gravitação universal tem-se que a força exercida pela Terra sobre uma partícula de massa gravitacional m_g próxima da superfície aponta para o centro da Terra e é dada aproximadamente por $P = m_g g$. Aqui P é o peso da partícula e $g = GM_{gt}/R_t^2 \approx 9{,}8\ m/s^2$ é o campo gravitacional na superfície da Terra, sendo $M_{gt} = 6 \times 10^{24}\ kg$ a massa da Terra e $R_t = 6{,}4 \times 10^6\ m$ seu raio.

Ao realizar experiências com pêndulos, Newton obteve que as massas inerciais e gravitacionais são proporcionais ou iguais uma à outra. Ele expressou isto como uma proporcionalidade entre matéria (m_i) e peso ($P = m_g\ g$), tanto em sua primeira definição, quanto na Proposição 6 do Livro III do *Principia*:

Que todos os corpos gravitam em direção a cada planeta e que os pesos dos corpos em direção a qualquer planeta, a distâncias iguais do centro do planeta, são proporcionais às quantidades de matéria que eles contêm.

Newton estava perfeitamente ciente das implicações cosmológicas de sua Proposição 70, Teorema 30 (a força gravitacional resultante sobre um corpo de prova localizado em qualquer lugar no interior de uma casca esférica é nula). A principal implicação é que podemos essencialmente desprezar a influência gravitacional das estrelas fixas nos movimentos planetários e em experiências realizadas sobre a Terra. O motivo para isto é que as estrelas estão espalhadas mais ou menos por todas as direções do céu (desprezando aqui a concentração de estrelas na Via Láctea). Ele expressou isto claramente no segundo Corolário da Proposição 14, Teorema 14, da terceira parte de seu livro: "(...) as estrelas fixas, estando dispersas promiscuamente por todo o céu, destroem suas ações mútuas devido a suas atrações contrárias, pela Proposição 70, Livro I".

Casos Simples

Apresentamos aqui algumas aplicações simples da mecânica newtoniana que ilustrarão depois as críticas de Ernst Mach a esta formulação.

Vamos tratar do estudo do movimento de corpos em referenciais inerciais, isto é, em sistemas de referência que estão parados ou em movimento retilínio uniforme em relação ao espaço absoluto. Nestes casos pode-se escrever a lei de movimento na forma $\vec{F} = m_i \vec{a}$.

Se não há força resultante atuando sobre o corpo, vem desta equação que sua aceleração é nula. Ele vai então permanecer em repouso ou em movimento retilínio uniforme em relação a este referencial.

Vamos agora discutir dois casos de força constante: queda livre próxima da superfície da Terra e aceleração de uma carga num capacitor ideal. No primeiro caso temos um corpo sendo solto a partir do repouso próximo à superfície terrestre. A força resultante neste caso, desprezando o atrito do ar, é simplesmente o peso do corpo $P = m_g g$. Este resultado na segunda lei de Newton implica que o corpo vai cair em direção à Terra com uma aceleração constante, dada por $a = (m_g / m_i) g$. O valor de g depende apenas da Terra e da localização do corpo de prova, mas não depende de m_g nem de m_i, isto é, da massa gravitacional ou da massa inercial do corpo de teste.

Galileo (1564-1642) descobriu que dois corpos quaisquer caem com a mesma aceleração no vácuo próximo da superfície da Terra, não interessando suas massas, formas, composições químicas etc. Isto é uma descoberta incrível que não pode ser derivada de nenhuma lei ou teorema de Newton, sendo um dado experimental ou observacional. Do fato de que dois corpos 1 e 2 caem com a mesma aceleração no vácuo ($a_1 = a_2$) vem da relação acima de que $m_{g2}/m_{i2} = m_{g1}/m_{i1}$. Escolhe-se esta constante convenientemente como sendo igual a 1; e como esta relação vale para todos os corpos, pode-se escrever para cada corpo:

$$m_i = m_g$$

Em seu livro Newton descreveu este fato com as seguintes palavras: "Tem sido observado por outros, por um longo tempo, que todos os tipos de corpos pesados (descontando-se a desigualdade de atraso que eles sofrem de um pequeno poder de resistência no ar) descem para a Terra *de alturas iguais* em tempos iguais; e podemos distinguir esta igualdade de tempos com uma grande precisão com a ajuda de pêndulos" (Livro III, Proposição 6). Já em seu outro grande livro, *Óptica*, afirmou: "(...) O ar livre que respiramos é oitocentas ou novecentas vezes mais leve do que a água, e portanto oitocentas ou novecentas vezes mais rarefeito, e por isso sua resistência é menor do que a da água na mesma proporção, ou aproximadamente, como também verifiquei por experiências feitas com pêndulos. E no ar mais rarefeito a resistência é ainda menor, até que, rarefazendo o ar, ela se torna imperceptível. Pois pequenas penas caindo ao ar livre encontram grande resistência, mas num vidro alto bem esvaziado de ar elas caem tão rápido quanto o chumbo ou o ouro, como me foi dado comprovar diversas vezes" [newton 96], Questão 28, pp. 268-269.

Apresentamos agora um outro exemplo de força. Coulomb (1738-1806) obteve em 1784-1785 a lei de força entre duas cargas pontuais q_1 e q_2. A força entre elas, quando estão separadas por uma distância r, é dada por:

$$F = \frac{1}{4\pi\varepsilon_o} \frac{q_1 q_2}{r^2}$$

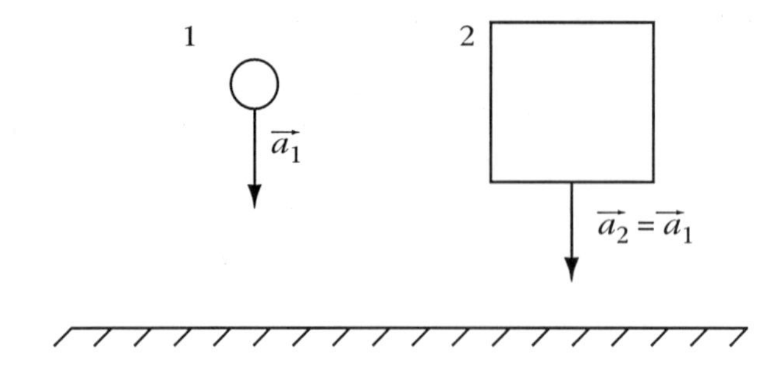

Dois corpos quaisquer caem com a mesma aceleração no vácuo.

Aqui $\varepsilon_o = 8{,}85 \times 10^{-12}$ F/m é uma constante conhecida como permissividade do vácuo. Esta força é atrativa quando as cargas são de sinais opostos e repulsiva quando têm o mesmo sinal. De qualquer forma ela está sempre ao longo da reta que une os corpos, assim como no caso da lei de gravitação de Newton. Além disto, também segue a lei de ação e reação e cai com o quadrado da distância. Uma outra similaridade entre estas leis é que a de Coulomb depende do produto de duas cargas, enquanto que na força gravitacional temos o produto de duas massas. Parece que Coulomb foi levado a esta expressão mais por analogia com a lei de Newton para a gravitação do que como resultado de suas experiências duvidosas [heering 92]. A similaridade entre a força de Coulomb e a força de Newton para a gravitação mostra que as massas gravitacionais têm o mesmo papel que as cargas elétricas: ambas geram e sofrem a ação ou força de corpos equivalentes, sejam eles massas gravitacionais ou cargas elétricas. A forma da interação é essencialmente a mesma.

Um capacitor plano ideal é constituído de duas placas paralelas infinitas separadas por uma distância d, carregadas com cargas opostas. Sejam σ e $-\sigma$ as densidades superficiais de carga (quantidade de carga elétrica por unidade de área) em cada uma das placas. Podemos utilizar a força de Coulomb para obter a força exercida por este capacitor sobre uma carga q movendo-se na região entre as placas. O resultado final é $F = qE$, onde $E = \sigma/\varepsilon_o$ é o campo elétrico apontando da placa positiva para a negativa, tendo sempre o mesmo valor no interior do capacitor, desprezando os efeitos de borda. Uma carga teste positiva (negativa) vai ser acelerada no interior do capacitor em direção à placa negativa (positiva).

Com a segunda lei de Newton podemos obter a aceleração desta carga, a saber, $a = (q/m_i)E$. O campo elétrico depende apenas da densidade superficial de carga sobre as placas do capacitor e é independente de q ou de m_i. Ele é análogo ao campo gravitacional na superfície da Terra no nosso exemplo anterior. A diferença agora é que num mesmo campo elétrico podemos ter corpos sofrendo acelerações diferentes. Por exemplo, um próton (p) fica com duas vezes a aceleração de uma partícula alfa (α) (núcleo do átomo de hélio, com dois prótons e dois neutrons) quando acelerados no mesmo campo elétrico: $a_p = 2a_\alpha$. Isto é devido ao fato de que a carga de uma partícula alfa é duas vezes a de um próton, enquanto sua massa é quatro vezes maior devido aos dois neutrons e dois prótons que possui. Isto já não ocorre na queda livre, pois todos os corpos, não interessando seu peso, forma, composição química etc., caem com a mesma aceleração no vácuo na superfície da Terra.

Este é um fato extremamente importante. Comparando estes dois exemplos, vemos que a massa inercial de um corpo é proporcional à sua massa gravitacional, mas não é proporcional à sua carga. Este fato sugere que a inércia de um corpo está relacionada com seu peso ou com sua propriedade gravitacional como m_g, mas não com suas propriedades elétricas. Voltaremos a este ponto depois.

Em seguida aos casos de força constante tratamos agora de forças que dependem da posição e que geram movimentos oscilatórios periódicos no tempo.

O primeiro exemplo é o de uma massa presa a uma mola e oscilando ao longo de uma reta sobre uma mesa sem atrito. O peso do corpo é contrabalançado pela força normal exercida pela mesa sobre o corpo, apontando verticalmente para cima. A força horizontal exercida pela mola tem módulo igual a kx, sendo k a constante elástica característica da mola e x o deslocamento do corpo em relação à posição de equilíbrio, em que a mola não está distendida nem comprimida. Esta força é atrativa quando a mola está distendida e repulsiva quando ela está comprimida. A segunda lei de Newton, neste caso, pode então ser escrita como $m_i a = -kx$. Esta equação pode ser facilmente resolvida [symon 82], Seção 2.5. O resultado é um movimento periódico senoidal na direção x, sendo $x = A\text{sen}(\omega t + \theta_o)$, onde a amplitude A e a fase θ_o são constantes que dependem das condições iniciais. Já a freqüência angular de oscilação é dada por:

$$\omega = \sqrt{\frac{k}{m_i}}$$

Um outro exemplo de movimento periódico a ser discutido aqui é o de um pêndulo simples. Isto é, uma partícula presa a um fio de comprimento constante ℓ descrevendo oscilações de pequena amplitude num plano vertical. Neste caso as forças que atuam sobre a partícula, desprezando a resistência do ar, são seu peso e a tração exercida pelo fio. No caso de pequenas oscilações a segunda lei de Newton é facilmente resolvida, [symon 82], Seção 5.3. Assim, obtém-se para o ângulo θ do fio com a vertical uma solução senoidal igual à solução para x no caso da mola, mas agora com uma freqüência de oscilação dada por:

$$\omega = \sqrt{\frac{m_g}{m_i}\frac{g}{\ell}}$$

Comparamos agora as freqüências de oscilação ω para a mola e para o pêndulo simples. Os períodos de oscilação são dados por $T = 2\pi/\omega$. A diferença mais marcante é que enquanto a freqüência de oscilação da mola depende apenas de m_i mas não de m_g, no pêndulo a freqüência de oscilação depende da razão m_g/m_i. Suponha agora que temos um corpo de prova com uma massa inercial m_i e uma massa gravitacional m_g. Se ele oscila horizontalmente preso a uma mola com constante elástica k, sua freqüência de oscilação é dada por:

$$\omega_1 = \sqrt{\frac{k}{m_i}}$$

Se ligamos dois destes corpos à mesma mola, tem-se que a nova freqüência de oscilação é dada por:

$$\omega_2 = \sqrt{\frac{k}{2m_i}} = \frac{\omega_1}{\sqrt{2}}$$

Por outro lado, se o primeiro corpo estivesse ligado a um fio de comprimento ℓ e sofresse pequenas oscilações num plano vertical como o pêndulo descrito acima, sua freqüência de oscilação seria dada por:

$$\omega_1 = \sqrt{\frac{m_g g}{m_i \ell}}$$

Ligando dois destes corpos ao mesmo fio, a nova freqüência de oscilação do pêndulo é dada por:

$$\omega_2 = \sqrt{\frac{2m_g g}{2m_i \ell}} = \omega_1$$

O mesmo vai acontecer, qualquer que seja a composição química do corpo. Isto é, em pêndulos de mesmo comprimento e na mesma localização sobre a Terra (mesmo g), todos os corpos oscilam com a mesma freqüência no vácuo, não importando seu peso, sua forma, sua composição química etc. Isto é um fato experimental que não pode ser deduzido das leis do movimento de Newton, já que delas não se tira que $m_i = m_g$. Apenas a experiência pode nos dizer que a freqüência de oscilação de um pêndulo no vácuo não depende do peso ou da composição química dos corpos, enquanto que a freqüência de oscilação de uma mola na horizontal é inversamente proporcional à raiz quadrada da massa do corpo.

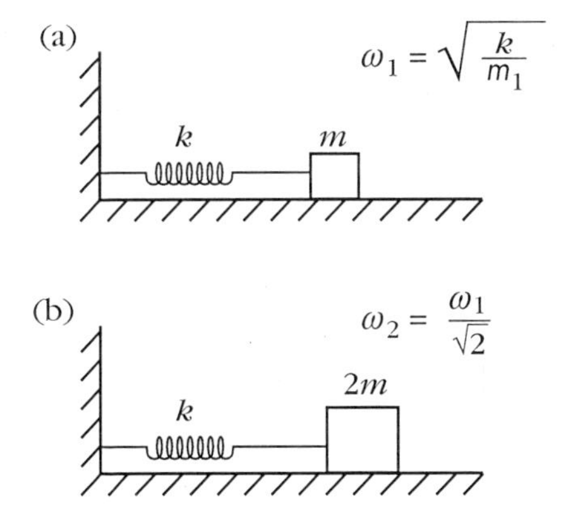

Duas massas diferentes, m e $2m$, ligadas na mesma mola.

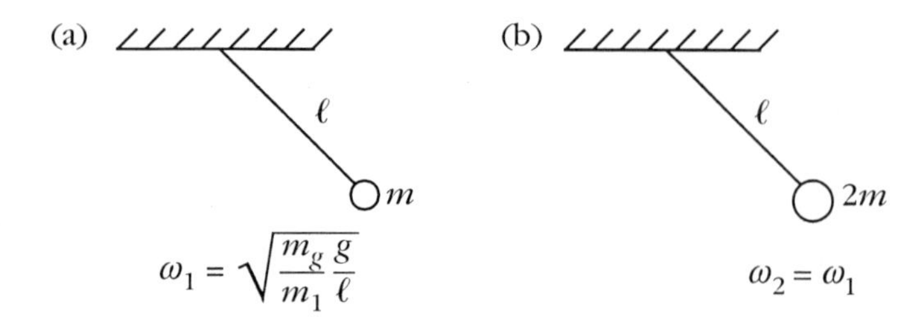

Duas massas diferentes, m e $2m$, ligadas no mesmo pêndulo.

Este fato experimental mostra que podemos cancelar as massas na equação

$$\omega = \sqrt{\frac{m_g g}{m_i \ell}}$$

e com isto escrever a freqüência de oscilação do pêndulo como

$$\omega = \sqrt{\frac{g}{\ell}}$$

Ao analisarmos o movimento quando havia uma força gravitacional ou elétrica constante, vimos que a massa inercial de um corpo era proporcional à massa gravitacional ou ao peso do corpo, mas que não era proporcional à sua carga ou às propriedades elétricas do corpo. Aqui, nestes dois casos de movimentos periódicos, vemos que a massa inercial do corpo não é proporcional a qualquer propriedade elástica do corpo ou do meio que o circunda (a mola neste caso). Analogamente pode ser mostrado que a massa inercial ou inércia de um corpo não está relacionada com nenhuma propriedade magnética, nuclear ou de qualquer outro tipo, seja do corpo de prova ou do meio que o circunda. Newton expressou isto no Corolário V, Proposição 6 do Livro III do *Principia* (entre colchetes vão nossas palavras):

O poder da gravidade é de uma natureza diferente do poder do magnetismo; pois a atração magnética não é como a matéria atraída [isto é, a força magnética não é proporcional à massa do corpo que está sendo atraído].Alguns corpos são mais atraídos pelo ímã, outros menos,a maior parte dos corpos não é atraída. O poder do magnetismo num mesmo corpo pode ser aumentado e diminuído, e algumas vezes é muito mais forte pela quantidade de matéria [em relação à quantidade de matéria que contém] do que o poder da gravidade, e ao afastar-se do ímã não cai como o quadrado mas quase como o cubo da distância, tão aproximadamente quanto pude julgar a partir de algumas observações grosseiras.

A massa inercial só é proporcional à massa gravitacional ou ao peso do corpo. Por qual motivo a natureza se comporta assim? Não há uma resposta a esta pergunta na mecânica newtoniana. Poderia acontecer que um pedaço de ouro caísse no vácuo em direção à Terra com uma aceleração maior do que um pedaço de ferro ou de prata com o mesmo peso, mas isto não se observa. Também poderia acontecer que um pedaço mais pesado de ouro caísse no vácuo em direção à Terra com uma aceleração maior do que um pedaço mais leve também de ouro, ou do que um outro pedaço de ouro com uma forma diferente. Mais uma vez isto não se observa. Caso acontecesse qualquer um destes casos, todos os resultados da mecânica newtoniana continuariam a valer, com a única diferença de que não mais cancelaríamos m_i com m_g. Diríamos então que m_i depende da composição química do corpo, ou de sua forma, ou que não é linearmente proporcional a m_g, ou (...) dependendo do que se observasse experimentalmente. Embora esta proporcionalidade impressionante entre a inércia e o peso (ou, mais especificamente, entre m_i e m_g) não prove nada, ela é altamente sugestiva, indicando que a inércia de um corpo (sua resistência em sofrer acelerações) pode ter uma origem gravitacional. Mais para a frente mostraremos que este é realmente o caso.

Por hora apresentamos aqui as experiências precisas de Newton com pêndulos para chegar na proporcionalidade entre a inércia (ou quantidade de matéria como Newton a chamava) e o peso (ou proporcionalidade entre m_i e m_g, como dizemos hoje em dia). Na primeira definição do *Principia*, aquela de quantidade de matéria, Newton disse:

É essa quantidade que doravante sempre denominarei pelo nome de corpo ou massa. A qual é conhecida através do peso de cada corpo, pois é proporcional ao peso, como encontrei em experimentos com pêndulos, realizados muito rigorosamente, os quais serão mostrados mais adiante.

Estes experimentos estão contidos na Proposição 6,Teorema 6 do Livro III do *Principia*:

Que todos os corpos gravitam em direção a cada planeta e que os pesos dos corpos em direção a qualquer planeta, a distâncias iguais do centro do planeta, são proporcionais às quantidades de matéria que eles contêm.

Tem sido observado por outros, por um longo tempo, que todos os tipos de corpos pesados (descontando-se a desigualdade de atraso que eles sofrem de um pequeno poder de resistência no ar) descem para a Terra *de alturas iguais* em tempos iguais; e podemos distinguir esta igualdade de tempos com uma grande precisão com a ajuda de pêndulos. Tentei experiências com ouro, prata, chumbo, vidro, areia, sal comum, madeira, água e trigo. Fiz duas caixas de madeira, redondas e iguais; enchi uma com madeira e suspendi um peso igual de ouro (tão exatamente quanto pude) no centro de oscilação da outra. As caixas, suspensas por fios iguais de 11 pés [3,35 metros], eram um par de pêndulos perfeitamente iguais em peso e forma, e recebendo igualmente a resistência do ar. E, colocando uma ao lado da outra, as observei movimentar-se juntas para frente e para trás, por um longo tempo, com vibrações iguais. E, portanto, a quantidade de matéria no ouro (pelo Corolário I e VI, Proposição XXIV, Livro II) estava para a quantidade de matéria na madeira como a ação da força motriz (ou *vis motrix*) sobre todo o ouro para a ação da mesma força sobre toda a madeira; isto é, como o peso de um para o peso do outro, e o mesmo aconteceu nos outros corpos. Por estes experimentos, em corpos do mesmo peso, seria possível claramente ter descoberto uma diferença de matéria menor do que a milésima parte do todo, se tal diferença tivesse existido. (...)

Deste experimento Newton obteve que $m_i = m_g$ com uma precisão de uma parte em mil. Hoje em dia sabe-se que isto é válido com uma precisão muito maior, sendo esta relação uma das coisas mais precisas na física.

Movimento Circular

Nesta Seção discutimos duas situações de movimento circular uniforme que foram analisadas por Newton: um planeta orbitando ao redor do Sol e dois globos girando quando ligados por uma corda.

Vamos supor novamente que estamos num referencial inercial onde vale a segunda lei de Newton na forma $\vec{F} = m_i \vec{a}$. Consideramos uma partícula, sob a ação de uma força central, apontando para a origem do sistema de coordenadas e que depende apenas da sua distância até a origem. Vamos considerar apenas o movimento circular uniforme, tal que a distância r da partícula até a origem é constante, assim como o módulo v de sua velocidade. O único efeito da força central é o de alterar a direção da velocidade. Neste caso o corpo vai sofrer uma aceleração dada por $a = F/m_i$ apontando para a origem. Huygens e Newton obtiveram o valor desta aceleração como sendo dada por $a = v^2/r$.

No caso de um planeta orbitando ao redor do Sol, Newton obteve que a órbita de uma força central que cai com o quadrado da distância é em geral uma elipse com o Sol num dos focos, de acordo com a primeira lei de Kepler. Como a massa do Sol é muito maior que a dos planetas, podemos considerá-lo como permanecendo essencialmente em repouso enquanto o planeta orbita ao seu redor. Vamos considerar aqui apenas a órbita mais simples, em que o planeta descreve um movimento circular uniforme ao redor do Sol.

O que mantém o planeta a uma distância constante do Sol (neste caso particular do movimento circular uniforme) apesar da atração gravitacional entre eles? De acordo com Newton isto é devido ao fato de o planeta ter uma aceleração centrípeta em relação ao Sol. Isto é, se o Sol e o planeta estivessem inicialmente em repouso em relação ao espaço absoluto ou em relação a um referencial inercial, eles iriam se aproximar devido à atração gravitacional, até colidirem um com o outro. No caso do movimento planetário isto não ocorre devido à aceleração centrípeta do planeta em relação a um referencial inercial, isto é, devido a seu movimento tangencial em relação ao Sol.

Como segundo exemplo de um movimento circular uniforme, temos o caso de dois globos presos por uma corda e girando um ao redor do outro (em relação à Terra, por exemplo) com um movimento circular uniforme. Neste caso a única força atuando em cada globo é a tração T na corda. Quanto maior for a rotação dos globos, maior será a aceleração que estarão sofrendo, o que significa que maior será a tensão na corda. Se ao invés da corda tivermos uma mola de constante elástica k, a tensão pode ser facilmente determinada pela distensão ℓ da mola, $T = k\,(\ell - \ell_0)$, sendo ℓ_0 seu comprimento natural.

Newton discutiu este problema dos dois corpos como uma possível maneira de distinguir o movimento relativo do absoluto (ou, mais especificamente, a rotação relativa da absoluta). Isto é, por esta experiência poderíamos saber se os globos estão ou não girando em relação ao espaço absoluto (ou em relação a um referencial inercial). Sua discussão aparece no Escólio do começo do Livro I do *Principia*, após as oito definições iniciais e antes dos três axiomas ou leis do movimento. Aqui vai toda a discussão, com nossa ênfase em itálico:

> É realmente uma questão de grande dificuldade descobrir, e efetivamente distinguir, os movimentos verdadeiros de corpos particulares daqueles aparentes; porque as partes daquele espaço imóvel, no qual aqueles movimentos se realizam, de modo algum são passíveis de serem observados pelos nossos sentidos. No entanto, a coisa não é totalmente desesperadora, pois temos alguns argumentos para guiar-nos: parcialmente a partir dos movimentos aparentes, que são as diferenças dos movimentos verdadeiros, e parcialmente a partir das forças, que são as causas e os efeitos dos movimentos verdadeiros. Por exemplo, se dois globos, mantidos a uma dada distância um do outro por meio de uma corda que os ligue, forem girados em torno do seu centro comum de gravidade, poderíamos descobrir, a partir da tensão da corda, a tendência dos globos a se afastar do eixo de seu movimento, e a partir daí poderíamos calcular a quantidade de seus movimentos circulares. E então se quaisquer forças iguais fossem imprimidas de uma só vez nas faces alternadas dos globos para aumentar ou diminuir seus movimentos circulares, a partir do acréscimo ou decréscimo da tensão na corda, poderíamos inferir o aumento ou diminuição de seus movimentos; e assim seria encontrado em que faces aquelas forças devem ser imprimidas, tal que os movimentos dos globos pudessem ser aumentados ao máximo, isto é, poderíamos descobrir suas faces posteriores ou aquelas que, no movimento circular, realmente vêm depois. Mas sendo conhecidas as faces que vêm depois, e conseqüentemente as opostas que precedem, deveríamos da mesma forma conhecer a determinação dos seus movimentos. E, assim, poderíamos encontrar tanto a quantidade como a determinação desse movimento circular, mesmo em um imenso vácuo, onde não existisse nada externo ou sensível com o qual os globos pudessem ser comparados. *Porém, se naquele espaço fossem colocados alguns corpos remotos que mantivessem sempre uma dada posição uns com relação aos outros, como as estrelas fixas mantêm nas nossas regiões,*

não poderíamos realmente determinar, a partir da translação relativa dos globos entre aqueles corpos, se o movimento pertencia aos globos ou aos corpos. Mas, se observássemos a corda, e descobríssemos que sua tensão era aquela mesma tensão que os movimentos dos corpos exigiam, poderíamos concluir que o movimento estava nos globos e que os corpos estavam em repouso; então, finalmente, a partir da translação dos globos entre os corpos, devemos obter a determinação dos seus movimentos. Mas as maneiras pelas quais vamos obter os movimentos verdadeiros a partir de suas causas, efeitos e diferenças aparentes e o contrário, serão explicadas mais amplamente no próximo tratado. Pois foi com este fim que o compus.

Suponha que as estrelas fixas estejam em repouso em relação ao espaço absoluto. Girando os globos com uma velocidade angular $\vec{\omega}$ em relação ao espaço absoluto (ou em relação às estrelas fixas, neste caso) geraria, de acordo com Newton, uma tensão na corda. Isto poderia ser visualizado por um aumento no comprimento de uma mola substituindo a corda. Suponha agora a mesma situação cinemática acima, ou seja, com os globos girando em relação às estrelas fixas, com uma velocidade angular constante $\vec{\omega}$. Mas agora, neste segundo caso, suponha que os globos estejam em repouso em relação ao espaço absoluto e que as estrelas fixas estejam girando como um todo em relação ao espaço absoluto com uma velocidade angular constante $-\vec{\omega}$. Neste segundo caso, de acordo com o que Newton escreveu acima, não haveria tensão na corda (ou a mola não se distenderia nem ficaria tensionada). Desta forma poderíamos distinguir a rotação verdadeira ou absoluta dos globos em relação ao espaço absoluto, da rotação aparente ou relativa dos globos em relação às estrelas fixas. Isto é, observando se há ou não uma tensão na corda poderíamos saber se os globos estão girando ou não em relação ao espaço absoluto ou em relação a um referencial inercial, embora em ambos os casos haja a mesma rotação aparente ou relativa dos globos em relação às estrelas fixas. Mais tarde voltaremos a discutir esta experiência.

Experiência do Balde de Newton

Analisamos agora a experiência do balde. Esta é uma das experiências mais simples e mais importantes dentre todas aquelas realizadas por Newton. Ela está descrita logo antes da experiência dos dois globos descrita acima, no Escólio após as oito definições no início do Livro I do *Principia*, antes dos axiomas ou leis do movimento (nossa ênfase):

Os efeitos que distinguem movimento absoluto de relativo são as forças que agem no sentido de provocar um afastamento a partir do eixo do movimento circular. Pois não há tais forças em um movimento circular puramente relativo; mas em um movimento circular verdadeiro ou absoluto elas são maiores ou menores, dependendo da quantidade do movimento. Se um recipiente, suspenso por uma longa corda, é tantas vezes girado, a ponto de a corda ficar fortemente torcida, e então enchido com água e suspenso em repouso junto com a água; a seguir, pela ação repentina de outra força, é girado para o lado contrário e, enquanto a corda desenrola-se, o recipiente continua no seu movimento por algum tempo; a superfície da água, de início, será plana, como antes de o recipiente começar a se mover; mas depois disso, o recipiente, por comunicar gradualmente o seu movimento à água, fará com que ela comece nitidamente a girar e a afastar-se pouco a pouco do meio, a subir pelos lados do recipiente, transformando-se em uma figura côncava (*conforme eu mesmo experimentei*), e quanto mais rápido se torna o movimento, mais a água vai subir, até que, finalmente, realizando suas rotações nos mesmos tempos que o recipiente, ela fica em repouso relativo nele. Essa subida da água mostra sua tendência a se afastar do eixo de seu movimento; e o movimento circular verdadeiro e absoluto da água, que aqui é diretamente contrário ao relativo, torna-se conhecido e pode ser medido por esta tendência. De início, quando o movimento relativo da água no recipiente era máximo, não havia nenhum esforço para afastar-se do eixo; a água não mostrava nenhuma tendência à circunferência, nem nenhuma subida na direção dos lados do recipiente, mas mantinha uma superfície plana, e, portanto, seu movimento circular verdadeiro ainda não havia começado. Mas, posteriormente, quando o movimento relativo da água havia diminuído, a subida em direção aos lados do recipiente mostrou o esforço dessa para se afastar do eixo; e esse esforço mostrou o movimento circular real da água aumentando continuamente, até ter adquirido sua maior quantidade, quando a água ficou em repouso relativo no recipiente. *E, portanto, esse esforço não depende de qualquer translação da água com relação aos corpos do ambiente, nem pode o movimento circular verdadeiro ser definido por tal translação.* Há somente um movimento circular real de qualquer corpo em rotação, correspondendo a um único poder de tendência de afastamento a partir de seu eixo de movimento, como efeito próprio e adequado; mas movimentos relativos, em um mesmo e único corpo, são inumeráveis, de acordo com as diferentes relações que ele mantém com corpos externos e, como outras relações, são completamente destituídas de qualquer efeito real, embora eles possam talvez compartilhar daquele único movimento verdadeiro. (...)

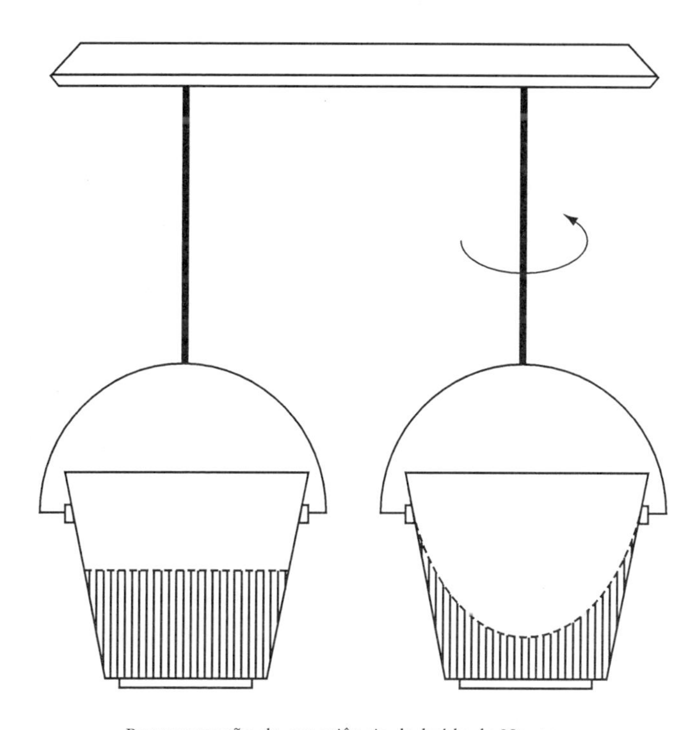

Representação da experiência do balde de Newton.

A partir da segunda lei de Newton pode-se obter sem muita dificuldade a forma da superfície livre da água quando ela gira com uma velocidade angular constante ω em relação a um referencial inercial (podemos considerar com boa aproximação a Terra como sendo um referencial inercial nesta experiência). Esta equação é dada por (ver [lucie 79]):

$$z = \frac{\omega^2}{2g} x^2$$

Aqui z é a altura do nível da água situada a uma distância x do eixo de rotação, considerando $x = z = 0$ como sendo o ponto mais baixo da água. Isto é, o perfil da superfície é uma parábola. Quanto maior for o valor de ω, maior será a concavidade da superfície da água.

A importância desta experiência de Newton reside no fato de que ela mostra, para ele, como distinguir entre uma rotação absoluta e uma relativa. De acordo com Newton a superfície da água será côncava apenas quando ela está girando em relação ao espaço absoluto (ou referencial inercial). Isto significa que para ele o ω que aparece nesta equação é a rotação angular da água em relação ao espaço absoluto, e não a rotação da água em relação aos "corpos do ambiente". Isto é, este ω não representa a rotação da água em relação ao balde, nem em relação à Terra, e nem mesmo a rotação em relação ao universo distante como as estrelas fixas. Lembre que para Newton o espaço absoluto não tem "relação com qualquer coisa externa", não estando, portanto, relacionado com a Terra nem com as estrelas fixas.

Vamos mostrar aqui que Newton não tinha outra alternativa em sua época senão chegar a esta conclusão: Como a rotação angular do balde em relação à Terra na experiência de Newton é muito maior do que a rotação diurna da Terra em relação às estrelas fixas, ou do que a translação anual do sistema solar em relação às estrelas fixas, podemos considerar a Terra como estando essencialmente sem aceleração em relação ao referencial das estrelas fixas e como um bom sistema inercial. Na primeira situação o balde e a água estão em repouso em relação à Terra e, portanto, praticamente com velocidade constante em relação ao referencial das estrelas fixas. A superfície da água é plana e não há problemas em derivar esta conclusão. Agora consideramos a segunda situação, na qual o balde e a água giram juntos em relação à Terra (e que é praticamente a mesma rotação do balde e da água em relação às estrelas fixas) com uma velocidade angular constante $\vec{\omega} = \omega \hat{z}$, onde o eixo de rotação aponta verticalmente para cima naquele local. Neste caso a superfície da água é côncava, subindo na direção das paredes do balde. As principais questões que precisam ser respondidas e bem compreendidas são: Por qual motivo a superfície da água é plana na primeira situação e côncava na segunda? O que é o responsável por este comportamento diferente? Este comportamento é devido à rotação da água com relação a quê?

Vamos responder a isto do ponto de vista newtoniano, analisando todas as possibilidades plausíveis. Há três suspeitos materiais principais para a concavidade da água: sua rotação em relação ao balde, em relação à Terra, ou em relação às estrelas fixas. Que o balde não é o responsável pelo comportamento diferente da superfície da água pode ser percebido imediatamente, observando que não há movimento relativo entre a água e o balde em ambas as situações enfatizadas acima (quando ambos estão parados ou quando ambos giram juntos em relação à Terra). Isto significa que qualquer que seja a força exercida pelo balde sobre cada molécula da água na primeira situação, ela vai continuar a mesma na segunda situação, já que o balde ainda vai estar em repouso com relação à água.

O segundo suspeito é a rotação da água com relação à Terra. Afinal de contas, na primeira situação a água estava em repouso com relação à Terra e a superfície da água era plana, mas quando a água estava girando com relação à Terra na segunda situação, sua superfície ficou côncava. Logo, poderia ser esta rotação relativa entre a água e a Terra a responsável pela concavidade da superfície da água. Newton argumentou que este não é o motivo da concavidade ("E, portanto, esse esforço [de se afastar do eixo do movimento circular] não depende de qualquer translação da água com relação aos corpos do ambiente, nem pode o movimento circular verdadeiro ser definido por tal translação"). Mostramos aqui que Newton foi coerente nesta conclusão, utilizando sua própria lei da gravitação. Na primeira situação a única força relevante exercida pela Terra sobre cada molécula da água é de origem gravitacional. Como vimos anteriormente, utilizando a lei da gravitação universal e o Teorema 31 do *Principia* (esfera atraindo um ponto externo), obtemos que a Terra atrai qualquer molécula da água como se toda a Terra estivesse concentrada em seu centro: $\vec{P} = m_g\vec{g} = -m_g g\,\hat{z}$. Neste caso a força peso é constante, atraindo cada molécula da água verticalmente para baixo. Na segunda situação a água está girando em relação à Terra, mas a força exercida pela Terra sobre cada molécula da água ainda é dada simplesmente por $\vec{P} = m_g\vec{g} = -m_g g\,\hat{z}$ apontando verticalmente para baixo. Isto é devido ao fato de que a lei de Newton da gravitação não depende da velocidade nem da aceleração entre os corpos interagentes. Isto significa que na mecânica newtoniana a Terra não pode ser a responsável pela concavidade da superfície da água. Estando a água em repouso ou girando em relação à Terra, ela vai sentir a mesma força gravitacional devido à Terra, a saber, o peso $\vec{P}$ apontando para baixo, sem qualquer componente perpendicular à direção z que dependa da velocidade ou da aceleração da água. Ou seja, estando a água parada ou em movimento, a Terra vai sempre puxá-la apenas para baixo, sem nunca empurrá-la para as paredes do balde.

O terceiro suspeito é o conjunto das estrelas fixas. Na primeira situação a água está essencialmente em repouso ou em movimento retilínio uniforme em relação a elas e sua superfície é plana. Já na segunda situação a água está girando com relação a elas e sua superfície é côncava. Poderia ser esta rotação relativa entre a água e as estrelas fixas a responsável pela concavidade da água. Mas na mecânica newtoniana este também não é o caso. A única interação relevante da água com as estrelas fixas é de origem gravitacional. Vamos analisar esta influência das estrelas na primeira situação. Como vimos anteriormente, utilizando a força gravitacional newtoniana e o Teorema 30 do *Principia* (casca esférica interagindo com um corpo interno), obtemos que a força resultante exercida por todas as estrelas fixas em qualquer molécula de água é essencialmente nula, supondo as estrelas fixas distribuídas mais ou menos homogeneamente no céu e desprezando as pequenas anisotropias em suas distribuições. Este é o motivo pelo qual as estrelas fixas raramente são mencionadas na mecânica newtoniana. Isto vai permanecer válido não apenas quando a água está em repouso com relação às estrelas fixas, mas também quando ela está girando com relação a elas. Mais uma vez isto é devido ao fato de que a lei de Newton da gravitação não depende da velocidade ou da aceleração entre os corpos. Logo, seu resultado de que a força resultante no interior da casca é nula vai permanecer válido, não importando a posição, velocidade ou aceleração do corpo de prova movendo-se no interior da casca esférica. Ou seja, estando a água parada ou em movimento, o conjunto das estrelas fixas não vai exercer nenhuma força resultante sobre ela. Portanto, não são as estrelas fixas que fazem com que a água se dirija para as paredes do balde.

Como vimos anteriormente, Newton estava ciente de que podemos desprezar a influência gravitacional do conjunto das estrelas fixas na maior parte das situações. Lembre que ele afirmou no *Principia* que "as estrelas fixas, estando dispersas promiscuamente por todo o céu, destroem suas ações mútuas devido a suas atrações contrárias, pela Proposição 70, Livro I".A conclusão é então a de que a rotação relativa entre a água e as estrelas fixas também não é a responsável pela concavidade da água. Mesmo introduzindo as galáxias externas (que não eram conhecidas por Newton) não ajuda, pois sabe-se que elas estão distribuídas mais ou menos uniformemente no céu. Logo, a mesma conclusão a que Newton chegou com relação às estrelas fixas (que elas não exercem qualquer força resultante apreciável em outros corpos) é obtida com as galáxias distantes.

Uma conseqüência importante disto é que mesmo que as estrelas fixas e as galáxias distantes desaparecessem (fossem literalmente aniquiladas do universo) ou dobrassem de número e massa, isto não iria alterar a concavidade da água nesta experiência do balde. Elas não têm nenhuma relação com esta concavidade, pelo menos de acordo com a mecânica newtoniana.

Como o efeito da concavidade da água é real (a água pode inclusive entornar do balde se sua rotação for muito elevada), Newton não tinha outra escolha senão apontar um outro responsável para este efeito, ou seja, a rotação da água em relação ao espaço absoluto, sendo este espaço absoluto desvinculado de qualquer corpo material. Esta era sua única alternativa, supondo a validade de sua lei da gravitação universal, que ele estava propondo no mesmo livro em que apresentou a experiência do balde.

A explicação quantitativa desta experiência chave sem introduzir o conceito de espaço absoluto é uma das principais características da mecânica relacional desenvolvida neste livro.

Rotação da Terra

Há duas maneiras principais de saber a rotação da Terra. A primeira é cinemática e a outra, dinâmica. Discutimos estes tópicos nesta Seção.

A maneira mais simples de saber que a Terra gira em relação a alguma coisa é observando os corpos astronômicos. Não observamos diretamente a rotação da Terra, afinal de contas estamos em repouso em relação a ela. Mas olhando para o Sol vemos que ele gira ao redor da

Terra com um período de um dia. Há duas interpretações óbvias para este fato: a Terra está em repouso (como no sistema ptolomaico) e o Sol translada ao redor da Terra, ou o Sol está em repouso e a Terra gira ao redor de seu eixo (como no sistema copernicano).

Podemos adicionar movimentos comuns para a Terra e para o Sol (como, por exemplo, uma rotação ou uma translação em relação ao espaço absoluto) sem alterar o movimento relativo entre ambos. É importante perceber que a partir deste aspecto cinemático da rotação relativa observada entre o Sol e a Terra não podemos determinar qual deles está realmente se movendo em relação ao espaço absoluto. A única coisa observada e medida neste caso é o movimento relativo entre ambos. Neste sentido os sistemas ptolomaico e copernicano são igualmente razoáveis e compatíveis com as observações. Escolher entre um ou outro sistema é puramente uma questão de gosto, considerando apenas o aspecto cinemático deste movimento relativo entre ambos.

Um outro tipo de rotação cinemática da Terra é aquela em relação às estrelas fixas, ou seja, em relação às estrelas que pertencem à nossa galáxia, a Via Láctea. Embora a Lua, o Sol, os planetas e os cometas estejam em movimento em relação ao pano de fundo das estrelas, não há praticamente nenhum movimento perceptível de uma estrela em relação às outras. O céu visto hoje em dia com suas constelações de estrelas é essencialmente o mesmo céu visto pelos antigos gregos ou egípcios. Embora o conjunto das estrelas gire em relação à Terra, elas quase não se movem umas em relação às outras, e por este motivo elas são usualmente chamadas de estrelas fixas. Embora a paralaxe estrelar (movimento ou mudança de posição de uma estrela em relação às outras) tenha sido predita por Aristarco de Samos ao redor de 200 a.C., a primeira observação desta paralaxe só foi feita incontrovertidamente por F. W. Bessel em 1838. Se tiramos uma fotografia do céu noturno com uma longa exposição, observamos no hemisfério Norte que todas as estrelas giram aproximadamente ao redor da estrela polar norte com um período típico de um dia (neste livro vamos desprezar a pequena diferença entre o dia solar e sideral, já que isto não é essencial para a discussão).

Mais uma vez podemos dizer ou que a rotação real pertence às estrelas ou então que pertence à Terra girando. Não podemos decidir entre estas duas interpretações baseados apenas nestas observações. Pode ser mais simples descrever os movimentos e as órbitas planetárias no referencial em repouso com as estrelas, chamado por isto de referencial das estrelas fixas, do que no sistema de referências fixo com a Terra, referencial terrestre; mas ambos referenciais são igualmente razoáveis.

Com um período de rotação de um dia obtemos $\omega_k = 2\pi/T = 7 \times 10^{-5}\ rad/s$, onde ω_k é a rotação angular cinemática da Terra. A direção desta rotação cinemática é aproximadamente a direção da estrela polar norte (eixo Norte-Sul terrestre). Desta maneira temos uma descrição completa da rotação cinemática, ou seja, da rotação da Terra em relação às estrelas fixas.

Hoje em dia temos duas outras rotações cinemáticas da Terra. A primeira é a rotação da Terra em relação ao conjunto de galáxias distantes. A realidade das galáxias externas foi estabelecida por Hubble em 1924 quando ele determinou (após encontrar estrelas cefeidas variáveis nas nebulosas) que as nebulosas são sistemas estrelares fora da Via Láctea. Podemos então determinar cinematicamente nossas velocidades translacional e rotacional em relação ao sistema isotrópico de galáxias. Este é o sistema de referência em relação ao qual as galáxias não têm velocidade translacional ou rotacional como um todo, no qual as galáxias estão essencialmente em repouso umas em relação às outras e em relação a este referencial, a não ser pelas pequenas velocidades de umas galáxias em relação às outras. A velocidade angular de rotação da Terra em relação a este referencial das galáxias é essencialmente a mesma que aquela em relação às estrelas fixas.

A segunda rotação cinemática moderna da Terra é sua rotação em relação à radiação cósmica de fundo, CBR, descoberta por Penzias e Wilson em 1965 [penziaswilson 65]. Esta radiação tem um espectro de corpo negro com uma temperatura característica de 2,7 K. Embora esta radiação seja altamente isotrópica, há uma anisotropia de dipolo devida ao nosso movimento em relação a esta radiação. Este movimento gera desvios Doppler que são detectados e medidos. Desta maneira podemos, ao menos em princípio, determinar não apenas nossa velocidade de translação mas também a de rotação em relação a este referencial, no qual a radiação é essencialmente isotrópica.

Indicamos aqui quatro rotações cinemáticas diferentes da Terra. Elas estão relacionadas com um movimento relativo entre a Terra e corpos astronômicos externos (Sol, estrelas, galáxias), ou entre a Terra e uma radiação externa. Não podemos determinar por quaisquer destes meios puramente cinemáticos qual corpo está realmente girando, se a Terra ou se os corpos e radiação externos. Até agora podemos adotar qualquer ponto de vista sem problemas adicionais, ou seja: a Terra está em repouso (em relação ao espaço absoluto de Newton, por exemplo, ou em relação a um referencial inercial) e estes corpos giram ao redor da Terra, ou estes corpos estão essencialmente em repouso (em relação ao espaço absoluto de Newton, por exemplo, ou em relação a um referencial inercial) e é a Terra que gira ao redor de seu eixo.

Em seguida veremos como distinguir entre estes dois pontos de vista dinamicamente.

De acordo com a mecânica de Newton, há efeitos mensuráveis que provam que a Terra está realmente girando em relação a um referencial inercial. Estes efeitos não apareceriam, de acordo com a mecânica newtoniana, se a Terra estivesse parada num referencial inercial e fosse o Sol, estrelas e galáxias distantes que estivessem girando ao seu redor. Por estes efeitos conclui-se que a Terra gira, estando portanto acelerada em relação ao espaço absoluto. Assim, o referencial terrestre é não inercial.

A maneira mais simples de saber que a Terra é um sistema de referência não inercial é observando sua forma elipsoidal. Isto é, a Terra é achatada nos pólos. Newton discutiu isto nas Proposições 18 e 19 do Livro III do *Principia*:

Proposição 18. Teorema 16: *Os eixos dos planetas são menores do que os diâmetros perpendiculares aos eixos.*

A gravitação igual das partes sobre todos os lados daria uma forma esférica aos planetas, não fosse por suas revoluções diurnas num círculo. Devido a este movimento circular acontece de as partes que se afastam do eixo tentarem subir ao redor do Equador; e, portanto, se a matéria está em um estado fluido, por sua subida em direção ao Equador, ela vai aumentar os diâmetros de lá e por sua descida dos pólos ela vai diminuir o eixo. Assim, o diâmetro de Júpiter (pelas observações coincidentes dos astrônomos) é mais curto de pólo a pólo do que de Leste a Oeste. E, pelo mesmo argumento, se nossa Terra não fosse mais alta ao redor do Equador do que nos pólos, os mares abaixariam ao redor dos pólos e, subindo em direção ao Equador, colocariam todas as coisas sob a água.

Proposição 19. Problema 3: *Achar a proporção do eixo de um planeta para os diâmetros perpendiculares a ele.*

(...); e, portanto, o diâmetro da Terra no Equador está para seu diâmetro de pólo a pólo como 230 para 229. (...)

E esta previsão teórica de Newton é bem precisa quando comparada com as determinações experimentais modernas.

O motivo deste achatamento da Terra nos pólos na mecânica newtoniana é a rotação da Terra em relação ao espaço absoluto ou em relação a um referencial inercial. A Terra e todos os sistemas de referência que estão em repouso em relação a ela não são inerciais. Por este motivo precisamos introduzir no referencial da Terra uma força centrífuga $-m_i\omega_d^2\rho\hat{\rho}$, para poder aplicar as leis de Newton aqui e obter os resultados corretos. Aqui ρ é a distância da partícula ao eixo de rotação e ω_d é a rotação dinâmica da Terra em relação ao espaço absoluto ou em relação a qualquer sistema inercial de referência. Em princípio ela não tem nenhuma relação com a rotação cinemática ω_k discutida anteriormente. No referencial da Terra é esta força centrífuga a responsável pelo achatamento da Terra. Num sistema de referência inercial, o achatamento da Terra é explicado por sua rotação dinâmica em relação a este sistema inercial. Fazendo as contas na mecânica clássica vem que a razão entre o raio equatorial terrestre e o raio polar (ou a razão entre a distância Leste-Oeste para a distância entre os pólos Norte e Sul) é dada por:

$$\frac{R_>}{R_<} \approx 1 + \left(\frac{5\omega_d^2 R^3}{4GM} \right) \approx 1 + \left(\frac{230}{229} \right) \approx 1{,}004.$$

Aqui $R = 6{,}36 \times 10^6\ m$ é o raio médio da Terra, $G = 6{,}67 \times 10^{-11}\ Nm^2/kg^2$ é a constante gravitacional universal e $M = 6 \times 10^{24}\ kg$ é a massa da Terra. Para chegar neste resultado de 230/229 utilizamos $\omega_d = 7 \times 10^{-5}\ s^{-1}$. De acordo com a mecânica de Newton, mesmo se as estrelas e galáxias distantes desaparecessem ou não existissem, a Terra ainda seria achatada nos pólos devido à sua rotação em relação ao espaço absoluto. Veremos depois que a mecânica relacional dará uma previsão diferente aqui. Deve ser observado que, embora ω_d não tenha nenhuma relação conceitual com ω_k dentro da mecânica newtoniana, foi necessário utilizar para ω_d o mesmo valor que ω_k para chegarmos no valor correto observado através de medidas: $R_>/R_< = 1{,}004$. Isto não deve ser uma coincidência, a questão é encontrar a ligação entre estes dois conceitos. Isto é obtido com a mecânica relacional, como veremos neste livro.

Há ainda uma outra maneira de se determinar dinamicamente a rotação da Terra. A demonstração mais impressionante desta rotação foi obtida em 1851 por Foucault. A importância desta experiência é que ela pode ser realizada numa sala fechada, de tal forma que podemos obter a rotação da Terra sem olhar para o céu.

A experiência consiste simplesmente em um longo pêndulo que oscila para frente e para trás muitas vezes com um grande período. Ele utilizou inicialmente um pêndulo com um comprimento de 2 metros com uma esfera de 5 kg oscilando harmonicamente, [foucault 51a] e [foucault 51b]. Depois ele utilizou um outro pêndulo com um fio de comprimento 11 metros. O período de um pêndulo simples de comprimento ℓ é

$$T = 2\pi\sqrt{\frac{\ell}{g}}$$

onde $g \approx 9{,}8\ m/s^2$. Desprezando a resistência do ar, se todas as forças agindo sobre o pêndulo fossem a atração gravitacional da Terra (o peso $\vec{P} = -mg\hat{r}$) e a tensão no fio, o pêndulo oscilaria sempre no mesmo plano. Mas não é isto o que acontece. O plano de oscilação muda lentamente com o tempo em relação à superfície da Terra, com uma velocidade angular Ω. Na mecânica newtoniana isto é explicado, no referencial terrestre, com a introdução de uma outra força fictícia, a força de Coriolis, dada por $-2m_i\vec{\omega}_d \times \vec{v}$ onde $\vec{v}$ é a velocidade da partícula e $\vec{\omega}_d$ é a rotação angular da Terra em relação a um sistema de referência inercial (a força centrífuga não muda o plano de oscilação e assim não a consideramos aqui para simplificar a análise). Coriolis descobriu esta força enquanto realizava seu doutoramento sob a orientação de Poisson [crane 90].

A maneira mais simples de entender este comportamento é considerar um pêndulo oscilando no pólo Norte. O pêndulo vai manter seu plano de oscilação fixo em relação a um sistema de referência inercial (ou em relação ao espaço, como em geral se afirma). Como a Terra está girando embaixo dele, o plano de oscilação vai mudar em relação à Terra com uma velocidade angular $\vec{\Omega} = -\vec{\omega}_d = -\omega_d \hat{z}$, já que a Terra está girando em relação ao sistema inercial com uma velocidade angular $\vec{\omega}_d = \omega_d \hat{z}$. No Equador o pêndulo de Foucault não precessa, $\Omega = 0$. Em geral a precessão do pêndulo em relação à Terra é dada por $\Omega = -\omega_d \cos \theta$, onde θ é o ângulo entre a direção radial $\hat{r}$ (a direção na qual o pêndulo permanece em repouso sem oscilar) e o eixo de rotação da Terra

$$\frac{\vec{\omega}_d}{\omega_d} = \hat{z}$$

Analisamos aqui as rotações cinemática e dinâmica da Terra. A rotação cinemática é uma rotação relativa entre a Terra e os corpos que a circundam como o Sol e a Lua, as estrelas fixas, as galáxias distantes e a radiação cósmica de fundo. O período de rotação é essencialmente um dia ($\omega_k \approx 7 \times 10^{-5}$ *rad/s*) e a direção é Norte-Sul terrestre (isto é, apontando em direção à estrela polar norte no hemisfério Norte). Esta rotação cinemática pode ser igualmente atribuída na mecânica clássica a dois motivos opostos: à rotação dos corpos externos enquanto a Terra permanece em repouso, ou a um giro da Terra ao redor de seu eixo, enquanto os corpos externos permanecem essencialmente em repouso. Não podemos distinguir estas duas situações cinematicamente.

Uma rotação completamente diferente da Terra é obtida por sua forma achatada e pelo pêndulo de Foucault. A rotação obtida dinamicamente por estes meios é uma rotação da Terra em relação a um sistema de referência inercial. De acordo com a mecânica newtoniana, estes efeitos dinâmicos (deformação da forma esférica da Terra ou rotação do plano de oscilação do pêndulo) só podem ser explicados por uma rotação da Terra em relação ao espaço absoluto ou a um referencial inercial. Estes efeitos não apareceriam se a Terra estivesse em repouso em relação ao espaço absoluto e se os corpos que a circundam (as estrelas fixas e galáxias distantes) estivessem girando na direção oposta em relação ao espaço absoluto. A rotação cinemática seria a mesma neste último caso, mas os efeitos dinâmicos não apareceriam (a Terra não seria achatada nos pólos e o pêndulo de Foucault não mudaria seu plano de oscilação em relação à Terra). Veremos que E. Mach tinha um ponto de vista diferente, ou seja, que se a situação cinemática é a mesma, então os efeitos dinâmicos também têm de ser os mesmos. A mecânica relacional implementa esta idéia de Mach quantitativamente.

As medidas das rotações cinemática e dinâmica da Terra coincidem entre si. Isto é, a rotação determinada ao se observar as estrelas cinematicamente acontece de ter o mesmo valor e direção que a rotação determinada numa sala fechada com um pêndulo de Foucault. Na mecânica clássica isto é uma grande coincidência, não se encontrando uma explicação para este fato impressionante. Da mesma forma a mecânica clássica não oferece uma explicação do motivo pelo qual $m_i = m_g$. Classicamente podemos apenas dizer que a natureza se comporta desta maneira, mas um entendimento mais profundo não é obtido. A massa inercial de um corpo não precisava estar relacionada com sua massa gravitacional. Ela podia ser uma propriedade completamente independente do corpo sem qualquer relação com m_g ou com qualquer outra propriedade, seja ela elétrica, magnética, elástica, nuclear etc. do corpo. Ou então ela podia depender de uma propriedade química ou nuclear do corpo mas não de m_g, sem que isto entrasse em conflito com qualquer lei da mecânica clássica. Apenas acontece de experimentalmente se encontrar a inércia de um corpo proporcional a seu peso, ou $m_i = m_g$.

Uma situação similar acontece com a igualdade entre as rotações cinemática e dinâmica da Terra. Este fato indica que o universo como um todo (conjunto de estrelas e galáxias) não gira em relação ao espaço absoluto ou em relação a qualquer sistema de referência inercial. A Terra gira ao redor de seu eixo com um período de um dia ($T = 8{,}64 \times 10^4$ *s*), ou com uma velocidade angular $\omega = 2\pi/T = 7 \times 10^{-5}$ *rad/s*. A Terra orbita ao redor do Sol com um período de um ano ($T = 3{,}156 \times 10^7$ *s*), ou com uma freqüência angular $\omega = 2 \times 10^{-7}$ *rad/s*. O sistema planetário orbita ao redor do centro de nossa galáxia com um período de $2{,}5 \times 10^8$ *anos* ($T = 8 \times 10^{15}$ *s*), ou com uma freqüência angular $\omega \approx 8 \times 10^{-16}$ *rad/s*. A maior parte dos corpos astronômicos do universo gira, exceto o universo como um todo. Por qual motivo o universo como um todo não gira em relação ao espaço absoluto? Não há explicação para este fato na mecânica clássica. Este é um fato observacional mas nada na mecânica clássica obriga a natureza a se comportar assim. As leis da mecânica continuariam a valer se o universo como um todo estivesse girando em relação ao espaço absoluto. Apenas precisaríamos levar em conta este efeito ao fazer os cálculos (isto ocasionaria um achatamento na distribuição de galáxias, similar ao que ocorre com a Terra ou com a nossa galáxia etc.).

Estas duas coincidências da mecânica clássica

$$\left(m_i = m_g \text{ e } \vec{\omega}_k = \vec{\omega}_d \right)$$

formam a principal base empírica que leva ao princípio de Mach.

Forças Fictícias

Os referenciais inerciais são aqueles que estão em repouso ou em movimento retilínio uniforme em relação ao espaço absoluto. Nestes referenciais podemos aplicar a segunda lei de Newton na forma $\vec{F} = m_i \vec{a}$ com grande sucesso. Contudo, em referenciais que estão acelerados em relação aos referenciais inerciais a aplicação da segunda lei de Newton nesta forma leva a resultados incorretos.

Vamos dar aqui dois exemplos deste fato, onde vamos supor que a Terra é um bom referencial inercial. Se estamos na Terra podemos estudar a queda livre de um corpo, considerando que a única força que atua sobre ele é seu peso $P = m_g g$. Da segunda lei de Newton e da igualdade das massas inerciais e gravitacionais vem então que sua aceleração vai ser dada por $a = g = 9{,}8\ m/s^2$, resultado este que bate com o que é visto observacionalmente. Caso estivéssemos estudando o movimento deste corpo num referencial S' que cai em queda livre junto com ele, a aplicação simples da segunda lei de Newton na forma $\vec{F} = m_i \vec{a}$ levaria ao resultado incorreto de que $a' = 9{,}8\ m/s^2$. Mas o resultado correto é que $a' = 0$, já que neste referencial o corpo permanece em repouso e é a Terra que se aproxima dele. Para se obter este resultado correto é necessário introduzir uma força fictícia $-m\vec{A}$ na segunda lei de Newton. Aqui

$\vec{A}$ é a aceleração de translação do referencial S' em relação ao referencial inercial.

Como segundo exemplo consideremos uma pessoa girando uma pedra presa a um fio, num plano horizontal. A aplicação da segunda lei de Newton no referencial terrestre leva ao resultado correto de que a tensão na corda vai ser dada por $T = mv^2/r$, onde m é a massa da pedra, v sua velocidade e r sua distância ao eixo de rotação. Num referencial que gira com a pedra, esta permanece em repouso. Logo, a aplicação da segunda lei de Newton na forma $\vec{F} = m_i \vec{a}$ leva ao resultado incorreto de que neste novo referencial a tensão na corda seria nula. Esta previsão é errada já que o fio está tensionado em todos os referenciais, podendo até arrebentar se esta tensão for grande o suficiente. Para evitar isto tem-se de introduzir neste referencial não inercial uma outra força fictícia dada por $-m\omega^2 r$ apontando radialmente para fora. Aqui ω é a velocidade angular deste referencial em relação à Terra. Esta força recebeu um nome especial, força centrífuga.

Uma outra força fictícia que aparece em referenciais não inerciais que giram em relação ao espaço absoluto, é a força de Coriolis. A Terra é um referencial não inercial, já que gira no espaço. Por este motivo, para se obter resultados corretos ao aplicar a segunda lei de Newton no referencial terrestre (como o achatamento da Terra ou a precessão do plano de oscilação do pêndulo de Foucault), é necessário a introdução das forças fictícias centrífuga e de Coriolis.

Estas forças não precisam ser introduzidas em referenciais inerciais. Se estamos em referenciais não inerciais precisamos destas forças para obter os resultados observados experimentalmente. Neste sentido pode-se dizer que elas são reais nestes referenciais (achatam a Terra, mudam o plano de oscilação do pêndulo de Foucault etc.). Apesar disto elas são chamadas de fictícias, pois não se encontra um agente material que as causa ou que é responsável por elas. O peso de um corpo é devido à sua interação gravitacional com a Terra, a força elástica à sua interação com uma mola, a força elétrica ou magnética à sua interação com outras cargas ou com ímãs, a força de atrito à sua interação com o ar ou com a água etc. Mas o que achata a Terra? Ou então, qual é o agente ou corpo material responsável pela mudança do plano de oscilação do pêndulo de Foucault? Na mecânica newtoniana não se encontra este agente material.

Mais para frente veremos que Mach afirmou que este agente material é o conjunto das estrelas fixas. Ou seja, para ele são as estrelas girando ao redor da Terra que a achatam nos pólos (ou que causam as forças centrífugas no referencial terrestre), assim como são elas que, ao girar ao redor da Terra, fazem com que o plano de oscilação do pêndulo de Foucault mude com elas (ou que causam as forças de Coriolis no referencial da Terra). A mecânica relacional implementa estas idéias de Mach quantitativamente.

Leibniz e Berkeley

Discutimos agora os pontos de vista do matemático e cientista alemão G. W. Leibniz e do bispo inglês G. Berkeley sobre o movimento absoluto e relativo. Estes filósofos anteciparam muitos pontos de vista que depois foram defendidos por Ernst Mach.

Leibniz e o Movimento Relativo

Leibniz (1646-1716) foi introduzido à ciência moderna de seu tempo por C. Huygens (1629-1695). Eles estiveram em grande contato durante a estadia de Leibniz em Paris entre os anos de 1672 e 1676. Huygens pode ter influenciado Leibniz com suas concepções de tempo, de espaço e com o significado da força centrífuga, termo cunhado por Huygens.

Leibniz nunca aceitou os conceitos newtonianos de espaço e tempo absolutos. Ao invés disto, mantinha que o espaço e o tempo dependem das coisas materiais, sendo o espaço a ordem dos fenômenos coexistentes e o tempo a ordem dos fenômenos sucessivos. Há uma correspondência muito interessante entre Leibniz e S. Clarke (1675-1729), um discípulo de Newton, que transcorreu durante os anos de 1715 e 1716. Esta correspondência esclarece vários pontos importantes deste assunto e pode ser encontrada em [leibnizclarke 84], com tradução para o português em [leibnizclarke 83], de onde tiramos as citações. No quarto parágrafo de sua terceira carta para Clarke, Leibniz afirma:

> 4. Quanto a mim, deixei assentado mais de uma vez que, a meu ver, o espaço é algo puramente relativo, como o tempo; a saber, na ordem das coexistências, como o tempo na ordem das sucessões. De fato, o espaço assinala em termos de possibilidade uma ordem das coisas que existem ao mesmo tempo, enquanto existem junto, sem entrar em seu modo de existir. E quando se vêem muitas coisas junto, percebe-se essa ordem das coisas entre si.

Leibniz defende a idéia de que todo movimento é relativo. Apesar deste fato ele admite que pode ser mais prático ou conveniente dizer que algum conjunto grande de corpos, que permanecem em repouso uns em relação aos outros (como as estrelas fixas), estão em repouso enquanto um corpo se move em relação a eles, do que dizer o oposto. Mas isto é mais uma questão de convenção do que de realidade física. Por exemplo, num texto escrito em 1689 intitulado *Sobre o Copernicanismo e a Relatividade do Movimento*, afirmou [leibniz 89], pp. 90-92:

> Como já provamos por considerações geométricas a equivalência de todas as hipóteses com respeito aos movimentos de quaisquer corpos que sejam, não importando quão numerosos, movidos apenas por colisões com outros corpos, segue-se que nem mesmo um anjo pode determinar com rigor matemático qual dentre os muitos corpos deste tipo está em repouso e qual [corpo] é o centro do movimento dos outros. E se os corpos estão se movendo livremente ou colidindo uns com os outros. É uma lei notável da natureza que nenhum olho, qualquer que seja o lugar da matéria em que ele esteja colocado, tem um critério seguro para dizer a partir dos fenômenos onde há movimento, quanto movimento existe, *ou se ele move este mesmo olho ele mesmo* [cf. Seneca, *Naturales Quaestiones* VII. 2.]. Sumarizando meu ponto de vista, como o espaço sem matéria é algo imaginário, o movimento, com todo o rigor matemático, não é nada além de uma mudança nas posições [*situs*] dos corpos uns em relação aos outros e, assim, o movimento não é algo absoluto, mas consiste em uma relação. (...)
>
> Mas como, contudo, as pessoas atribuem movimento e repouso aos corpos, mesmo para corpos que elas acreditam não ser movidos nem por uma mente [*intelligentia*], nem por um impulso interno [*instinctus*], temos de examinar o sentido no

qual elas fazem isto, de tal forma que não julguemos que elas tenham falado falsamente. E neste assunto temos de responder que devemos escolher a hipótese mais inteligível e que a verdade de uma hipótese não é nada além de sua inteligibilidade. Agora, de um ponto de vista diferente, não com respeito às pessoas e suas opiniões, mas com respeito às próprias coisas com que devemos tratar, uma hipótese pode ser mais inteligível do que uma outra e mais apropriada para um dado propósito. E assim, a partir de pontos de vista diferentes, uma pode ser verdadeira e outra falsa. Logo, para uma hipótese ser verdadeira basta que ela seja usada apropriadamente. Assim, embora um pintor possa representar o mesmo palácio através de desenhos em diferentes perspectivas, julgaríamos que ele fez a escolha errada se apresentar aquele [desenho] que cobre ou esconde partes que são importantes saber pelo assunto em questão. Da mesma forma, um astrônomo não comete um erro maior ao explicar a teoria dos planetas de acordo com a hipótese tychonica do que ele cometeria ao usar a hipótese copernicana para ensinar a astronomia esférica e para explicar o dia e a noite, sobrecarregando desta maneira o estudante com dificuldades desnecessárias. E o astrônomo observacional [*Historicus*] que insiste em que a Terra se move, ao invés do Sol, ou que a Terra ao invés do Sol está no signo de Áries, falaria inapropriadamente, embora ele siga o sistema copernicano; nem teria Josué falado menos falsamente (isto é, menos absurdamente) se ele tivesse dito: "Terra, detém-te".

Isto é, o sistema astronômico geocêntrico híbrido de Tycho Brahe pode ser "mais apropriado para um dado propósito" do que o sistema heliocêntrico de Copérnico, enquanto que o sistema de Copérnico pode ser mais apropriado para um outro fim do que o de Tycho Brahe. Leibniz continua o texto afirmando que o sistema geocêntrico ptolomaico é o mais verdadeiro na astronomia esférica (isto é, mais inteligível), enquanto que a explicação copernicana é a teoria mais verdadeira (isto é, mais inteligível) ao explicar a teoria dos planetas.

Ele expressou o mesmo ponto de vista em seu trabalho de 1695 intitulado *Um Exemplar de Dinâmica* [*Specimen Dynamicum*]. Na passagem seguinte do manuscrito original, que foi suprimida antes da publicação, afirmou ([leibniz 89], p. 125):

Também compreendi a natureza do movimento. Além do mais, também percebi que o espaço não é algo absoluto ou real e que ele nem sofre mudança nem podemos conceber o movimento absoluto, mas que toda a natureza do movimento é relativa, de tal forma que dos fenômenos não podemos determinar com rigor matemático o que está em repouso, ou com que quantidade de movimento algum corpo se move. Isto vale mesmo para o movimento circular, embora não parecesse assim para Isaac Newton, aquele cavalheiro distinto que é, talvez, a maior jóia que a Inglaterra culta jamais teve. Embora ele tenha dito muitas coisas esplêndidas sobre o movimento, ele pensou que, com a ajuda do movimento circular, podia discernir qual matéria contém movimento a partir da força centrífuga, coisa com a qual não posso concordar. Mas mesmo se não houver maneira matemática de determinar a hipótese verdadeira, contudo podemos, com boas razões, atribuir movimento verdadeiro à matéria com a qual resultaria a hipótese mais simples para explicar os fenômenos. Em relação ao restante, basta para nós por questões práticas investigar não tanto o sujeito do movimento quanto as mudanças relativas das coisas umas em relação às outras, já que não há ponto fixo no universo.

Na segunda parte deste trabalho afirmou [leibniz 89], pp. 130-131:

Temos de perceber, acima de tudo, que força é algo absolutamente real nas substâncias, mesmos nas substâncias criadas, enquanto que espaço, tempo e movimento são, até um certo ponto, seres da razão [do intelecto] e que são verdadeiros ou reais, não por si mesmos [*per se*], mas apenas até o ponto que eles envolvem ou atributos divinos (imensidão, eternidade, a habilidade de realizar trabalho), ou a força nas substâncias criadas. Disto segue imediatamente que não há lugar vazio e [não há] momento de tempo vazio. Além do mais, segue que movimento considerado separadamente da força, isto é, o movimento considerado até o ponto em que contém apenas noções geométricas (tamanho, forma e suas mudanças), não é realmente nada além da mudança de situação e, além disto, *no que diz respeito aos fenômenos, movimento é uma relação pura*, algo que Descartes também reconheceu ao definir o movimento como uma translação das vizinhanças de um corpo para as vizinhanças de outro. Mas ao tirar conseqüências disto, ele esqueceu sua definição e estabeleceu as leis do movimento como se o movimento fosse algo real e absoluto. Portanto, temos de considerar que quaisquer que sejam as maneiras como muitos corpos possam estar em movimento, não podemos inferir a partir dos fenômenos quais deles têm realmente movimento absoluto e determinado, ou [estão em] repouso. Ao invés disto, podemos atribuir o repouso a qualquer um deles que escolhermos e ainda assim resultarão os mesmos fenômenos. (...) E, na verdade, isto é exatamente o que experienciamos, pois sentiríamos a mesma dor se batêssemos nossa mão contra uma pedra em repouso, suspensa, se quiser, por um fio, ou se a pedra batesse contra nossa mão em repouso com a mesma velocidade. Contudo, falamos como requer a situação, de acordo com a explicação mais apropriada e mais simples dos fenômenos. É exatamente neste sentido que usamos a noção do *primum mobile* na astronomia esférica, enquanto que no estudo teórico dos planetas temos de usar a hipótese copernicana. Como uma conseqüência imediata deste ponto de vista, aquelas disputas realizadas com tanto entusiasmo, disputas nas quais mesmo os teólogos estiveram envolvidos, desaparecem completamente. Pois embora força seja algo real e absoluto, o movimento pertence aos fenômenos e às relações e temos de procurar a verdade não tanto nos fenômenos quanto em suas causas.

Veremos depois que também Mach defendeu a idéia de que os sistemas copernicano e ptolomaico são igualmente válidos e corretos. A única diferença é que o sistema copernicano é mais econômico ou prático.

Mas como Leibniz interpreta as experiências chaves de Newton do balde girante e dos dois globos? Será que ele consegue explicar estas duas experiências baseado apenas em conceitos ou em movimentos relativos?

Numa carta escrita a Huygens em 1694 afirmou [leibniz 89], p. 308:

Quanto à diferença entre movimento absoluto e relativo, creio que se o movimento, ou melhor, a força motriz nos corpos é algo real, como parece que temos de reconhecer, ela precisaria de ter um *sujeito* [*subjectum*]. Pois, se *a* e *b* se aproximam, afirmo que todos os fenômenos seriam os mesmos, não interessando qual deles se assume em movimento ou em repouso; e se houvessem mil corpos, concordo que os fenômenos não podem nos fornecer (nem mesmo aos anjos) motivos [*raison*] infalíveis para determinar o sujeito do movimento ou seu grau [sua quantidade] e que cada corpo pode ser concebido separadamente como estando em repouso. Creio que isto é tudo que você perguntou. Mas você não negaria (creio) que é verdade que cada um deles tem uma certa quantidade de movimento, ou, se preferir, uma certa quantidade de força, apesar da equivalência das hipóteses. É verdade que derivo disto a conseqüência de que há alguma coisa a mais na natureza do que aquilo que é determinado pela geometria. E isto não está entre os menos importantes dentre os diversos motivos que uso para provar que, além da extenção e de suas variações, que são coisas puramente geométricas, temos de reconhecer alguma coisa maior, a saber, força. Newton reconheceu a equivalência das hipóteses no caso de movimento retilíneo; mas ele acredita que, em relação aos movimentos circulares, o esforço exercido pelos corpos que circulam para mover-se para fora do centro ou do eixo de circulação nos permite reconhecer seus movimentos absolutos. Mas tenho motivos que me levam a crer que não há exceções para a lei geral de equivalência. Parece-me, contudo, que uma vez você foi da mesma opinião de Newton no que diz respeito ao movimento circular.

Ao mesmo tempo em que defende uma teoria relacional de espaço e tempo, Leibniz parece dar algum valor absoluto ou real para a força ou para a energia cinética. Isto é de certa forma contraditório. Ele também não explicitou claramente quais eram suas razões para acreditar que não há exceções para a lei geral de equivalência (para a teoria relacional).

Um ponto de vista semelhante encontra-se nos parágrafos 52 e 53 de sua quinta carta a Clarke [leibnizclarke 83]:

52. Para provar que o espaço, sem os corpos, é uma realidade absoluta, tinham-me objetado que o universo material finito poderia andar no espaço. Respondi que não parece razoável que o universo material seja finito, e, ainda que o supuséssemos, seria irracional que fosse dotado de movimento, o que não se dá na hipótese de mudarem suas partes de situação entre si, porque o primeiro, o movimento, não produziria nenhuma mudança observável, e seria sem finalidade. Outra coisa é quando as suas partes mudam de situação entre si, porque então se reconhece um movimento no espaço, mas consistindo na ordem das relações, que mudaram. Replica-se, agora, que a verdade do movimento é independente da observação, e que um navio pode andar sem que aquele que está dentro perceba. Respondo que o movimento é independente da observação, mas não da observabilidade. Não há movimento, quando não existe mudança observável. E mesmo quando não há mudança observável, não há mudança de modo algum. O contrário funda-se na suposição de um espaço real absoluto, que refutei demonstrativamente pelo princípio da necessidade de uma razão suficiente das coisas.

53. Não encontro nada na oitava definição dos *Princípios Matemáticos da Natureza [Principia]*, nem no escólio dessa definição, que prove que se possa demonstrar a realidade do espaço em si. Contudo, concedo que há diferença entre um verdadeiro movimento absoluto de um corpo, e uma simples mudança relativa da situação relativamente a um outro corpo. Com efeito, quando a causa imediata da mudança está no corpo, este está verdadeiramente em movimento, e nesse caso a

situação dos outros, com relação a ele, estará, por conseqüência, mudada, ainda que a causa dessa mudança não resida neles. É verdade que, falando com exatidão, não há corpo que esteja perfeita e inteiramente em repouso; mas é disso que se faz abstração ao considerar a coisa matematicamente. Assim não deixei nada sem resposta, de tudo quanto alegaram a favor da realidade absoluta do espaço. E demonstrei a falsidade dessa realidade, por um princípio fundamental dos mais razoáveis e mais provados, contra o qual não se poderia achar nenhuma exceção ou reparo. De resto, podese ver, por tudo o que acabo de dizer, que não devo admitir um universo móvel, nem lugar algum fora do universo material.

Concordamos com H. G. Alexander quando afirmou ao analisar esta parte da carta que "não há dúvida, contudo, que esta admissão da distinção entre movimento absoluto e relativo é inconsistente com sua [de Leibniz] teoria geral do espaço" [leibnizclarke 84], p. xxvii. Isto é, Lebniz se deixou levar pelos argumentos de Newton relacionados com as experiências do balde e dos dois globos. Tacitamente Leibniz está admitindo que de fato existe o movimento absoluto, contrariamente a suas crenças. Uma maneira de sair desta contradição seria manter que estes efeitos (a forma côncava da superfície da água ou a tensão na corda no caso dos dois globos) são devidos a uma rotação *relativa* entre a água e os dois globos em relação à Terra e às estrelas fixas. Ou seja, poderia dizer que estes efeitos surgem não apenas quando a água e os globos giram em relação às estrelas, mas que eles também surgiriam quando a água e os globos estivessem em repouso (em relação ao observador ou em relação à Terra) e as estrelas estivessem girando ao contrário em relação a eles, com a mesma velocidade angular. Se Leibniz tivesse visto claramente esta possibilidade, poderia ter sustentado que mesmo estas experiências não provam a existência do espaço ou do movimento absolutos. Também poderia sustentar que a água não precisa estar verdadeiramente ou absolutamente em movimento giratório quando sua superfície está côncava, já que se poderia igualmente dizer que isto seria devido à rotação oposta do conjunto das estrelas fixas, estando a água em repouso. Mas Leibniz não mencionou explicitamente esta possibilidade. Neste sentido ele não soube dar uma resposta clara aos argumentos newtonianos utilizando sua teoria relacional do movimento. Por este motivo também concordamos com Erlichson, quando este afirmou: "Na minha opinião Leibniz nunca respondeu realmente a Clarke e a Newton sobre a experiência do balde ou sobre os outros exemplos que eles deram para mostrar os efeitos dinâmicos do movimento absoluto" [erlichson 67].

Em um ponto da correspondência Clarke parece ter visto melhor do que Leibniz as conseqüências de uma teoria completamente relacional do movimento, no que diz respeito à origem da força centrífuga. Na sua quinta réplica a Leibniz, Clarke disse (parágrafos 26 a 32, págs. 220-221 de [leibnizclarke 83]):

> Afirma-se [por Leibniz] que o movimento encerra necessariamente uma mudança relativa de situação num corpo com relação a outros corpos, e entretanto não se fornece nenhum meio para evitar esta conseqüência absurda, como seja, que a mobilidade de um corpo depende da existência de outros, de modo que, se um corpo existisse sozinho, seria incapaz de movimento, ou que as partes de um corpo que circula (ao redor do Sol, p. ex.) perderiam a força centrífuga que nasce de seu movimento circular, se toda a matéria exterior que as cerca fosse aniquilada.

A expressão original em inglês no final desta frase é: "(...) or that the parts of a circulating body, (suppose the sun) would lose (...)". Uma tradução alternativa é a que aparece em [koyre 86], pág. 250: "(...) ou de que as partes de um corpo girante (suponhamos o sol) perderiam (...)".

Infelizmente Leibniz não respondeu a esta última réplica, que foi transmitida a ele em 29 de outubro de 1716. Leibniz morreu em 14 de novembro do mesmo ano. De qualquer forma estas conseqüências que Clarke chamou de "absurdas" representam partes importantes de qualquer teoria relacional do movimento. Se seguimos completamente uma teoria relacional do movimento, não há sentido na afirmação de que um corpo isolado se move em relação ao espaço, apenas podendo-se afirmar que ele se move em relação a outros corpos. Assim, o movimento de um corpo depende da existência de outros corpos. Muito mais importante do que isto é a conseqüência apontada por Clarke de que a força centrífuga desapareceria se os corpos externos fossem aniquilados. Isto é, se as estrelas fixas e galáxias externas desaparecessem ou se elas não existissem, várias coisas deveriam acontecer de acordo com a visão relacional de Leibniz (mas não de acordo com a mecânica newtoniana): a Terra deixaria de ser achatada nos pólos, a superfície da água não ficaria côncava ao girar em relação à Terra, não haveria tensão na corda com os globos girando, o pêndulo de Foucault não mais mudaria seu plano de oscilação em relação à superfície da Terra etc. Estas são conseqüências necessárias de uma teoria completamente relacional. Todas elas são implementadas na mecânica relacional, como mostramos neste livro. Estas não são conseqüências "absurdas", como pensava Clarke, mas conseqüências necessárias de qualquer teoria realmente relacional. Além disto, pode-se testar em laboratório situações análogas para ver quem está com a razão, como veremos. Clarke foi o primeiro a apontar claramente o fato de que numa teoria puramente relacional a força centrífuga aparece apenas quando há uma rotação relativa entre o corpo de prova e o universo material distante. Se aniquilamos o universo distante, as conseqüências dinâmicas da força centrífuga têm de desaparecer concomitantemente. Infelizmente outras pessoas não perceberam ou não foram tocadas pelo significado das conseqüências apontadas por Clarke.

Leibniz acreditava que movimentos cinematicamente equivalentes devem ser dinamicamente equivalentes. Isto é evidente por sua afirmativa apresentada acima de que "temos de considerar que quaisquer que sejam as maneiras como muitos corpos possam estar em movimento, não podemos inferir a partir dos fenômenos quais deles têm realmente movimento absoluto e determinado, ou [estão em] repouso. Ao invés disto, podemos atribuir o repouso a qualquer um deles que escolhermos e ainda assim resultarão os mesmos fenômenos". Apesar desta crença, ele não implementou esta idéia quantitativamente. Por exemplo, ele não mostrou como um céu de estrelas girando podia gerar forças centrífugas. Ele também não mencionou a proporcionalidade entre as massas inercial e gravitacional (ou entre inércia e peso). Ele não chegou nem mesmo a sugerir a possibilidade de as forças centrífugas surgirem de uma interação gravitacional.

Embora ele defendesse algumas idéias que conflitavam com a mecânica newtoniana, ele não as desenvolveu matematicamente. O estágio de conhecimento das ciências físicas em seu tempo, em particular o conhecimento do eletromagnetismo, ainda não estava maduro para suprir a chave de como implementar estas idéias quantitativamente.

Berkeley e o Movimento Relativo

O bispo G. Berkeley (1685-1753) criticou os conceitos newtonianos de espaço, tempo e movimento absolutos, principalmente nas Seções 97 a 99 e 110 a 117 de seu trabalho *Tratado sobre os Princípios do Conhecimento Humano* de 1710 (que já se encontra traduzido para o português [berkeley 80]) e nas Seções 52 a 65 de seu trabalho *Sobre o Movimento - ou o Princípio e a Natureza do Movimento e a Causa da Comunicação dos Movimentos*, mais conhecido por seu primeiro nome latino *De Motu*, de 1721. Para uma tradução completa em inglês ver [berkeley 92]. Uma boa discussão de sua filosofia do movimento pode ser encontrada em [whitrow 53] e em [popper 53].

Na Seção 112 dos *Princípios* ele defendeu uma teoria relacional como segue [berkeley 80]:

> 112. Confesso, não obstante, que não me parece possa haver outro movimento além do *relativo*; para conceber o movimento é preciso conceber pelo menos dois corpos a distância e em posição variáveis. Se houvesse um corpo só, não poderia mover-se. Isto parece evidente; a idéia que tenho de movimento inclui necessariamente a relação.

Analogamente, na Seção 63 do *De Motu* temos [berkeley 92]:

> Nenhum movimento pode ser reconhecido ou medido, a não ser através de coisas sensíveis. Como o espaço absoluto não afeta os sentidos de modo nenhum, ele necessariamente tem de ser bem inútil para a distinção dos movimentos. Além disso, a determinação ou direção é essencial para o movimento; mas isto consiste numa relação. Portanto, é impossível que se possa conceber o movimento absoluto.

Mas Berkeley também parece contradizer a si próprio, como tinha acontecido com Leibniz, quando ele leva em conta as forças. Ele acaba concedendo alguma realidade absoluta para as forças e nesta forma também se deixou levar pelos argumentos newtonianos. Por exemplo, no parágrafo 113 dos *Princípios*, afirmou:

> 113. Mas, conquanto em cada movimento tenha de haver mais de um corpo, pode mover-se apenas um, aquele onde se aplica a força causadora da mudança de

distância ou de situação. Porque, embora alguns definam movimento relativo para denominar o corpo *movido* que varia de distância a outro, quer a força causadora seja aplicada nele, quer não, e como movimento relativo é o percebido pelos sentidos e observado na vida diária, parece que todo homem sensato o conhece tão bem como o melhor filósofo. Ora, pergunto eu se neste sentido, quando alguém passeia na rua, poderá falar-se de *movimento* das pedras da calçada. Parece-me não ser de necessidade, embora o movimento implique a relação entre duas coisas, cada termo da relação seja denominado por ele. Como um homem pode pensar em alguma coisa que não pensa, assim um corpo pode ser movido para ou desde outro que nem por isso está em movimento.

Mas mesmo se há apenas movimento relativo, como poderia ele explicar as experiências do balde e dos dois globos de Newton sem introduzir o espaço absoluto? Ele não é completamente claro neste sentido, mas parece que achava que a forma côncava da superfície da água no balde girando só surgia devido à sua rotação relativa em relação ao céu de estrelas fixas. A mesma explicação daria conta da tensão na corda na experiência dos dois globos. Isto é, estes efeitos dinâmicos estariam relacionados ao movimento cinemático entre o corpo de prova e as estrelas e não entre o corpo de prova e o espaço absoluto. Para mostrar esta possível interpretação das idéias de Berkeley, apresentamos aqui a Seção 114 dos *Principios*, onde ele discute a experiência do balde:

114. Como o "lugar" é variadamente definido, varia o movimento correlato. Em um navio um homem pode dizer-se imóvel em relação às bordas do navio e em movimento relativamente à Terra; ou movendo-se para leste quanto às primeiras e para oeste quanto à segunda. Na vida corrente, ninguém pensa além da Terra para definir o lugar de um corpo; e o que é imóvel neste sentido é assim considerado *absolutamente*. Mas os filósofos, de mais vasto pensamento e mais adequada noção do sistema das coisas, descobrem que a mesma Terra é móvel. Para fixar as suas noções parece conceberem o mundo corpóreo como finito e os seus extremos imóveis o lugar pelo qual avaliamos [avaliam] os movimentos verdadeiros. Se examinarmos a nossa própria concepção, creio concluiremos serem todos os movimentos absolutos concebíveis enfim e somente movimentos relativos assim definidos. [Original: "If we sound our conceptions, I believe we may find all the absolute motion we can frame an idea of to be at bottom no other than relative motion thus defined". Nossa tradução: "Se examinarmos

a nossa própria concepção, creio podermos encontrar que todo movimento absoluto do qual podemos formar uma idéia será, no fundo, nada mais do que movimento relativo assim concebido".] Como já observamos, movimento absoluto, exclusivo de toda relação externa, é incompreensível. E com esta espécie de movimento relativo todas as propriedades mencionadas, causas e efeitos atribuídos ao movimento absoluto vêm concordar, se não me engano. Quanto a não pertencer a força centrífuga ao movimento circular relativo, não vejo como isso pode concluir-se da experiência apresentada (v. *Philosophiae Naturalis Principia Mathematica* no Escólio, Definição VIII). Porque a água do vaso no momento em que se diz ter o maior movimento relativo circular não tem, penso eu, movimento algum, como vamos ver. [Esta última frase termina assim: "as is plain from the foregoing section". Prefirimos então traduzir o final por "como é evidente na seção anterior" ao invés de "como vamos ver".]

Parece-nos que quando Berkeley afirma que os filósofos concebem o mundo corpóreo como finito e que eles avaliam os movimentos verdadeiros pelos extremos imóveis deste mundo corpóreo finito, que ele está querendo dizer o céu de estrelas fixas. Isto é, de acordo com Berkeley os filósofos colocam, por convenção, o céu de estrelas fixas em repouso e avaliam o movimento dos outros corpos celestes (planetas e cometas, por exemplo) em relação a este sistema de referência das estrelas fixas. E quando Berkeley afirma que no início da experiência do balde de Newton a água não tem movimento algum, parece-nos que ele quer dizer que não há movimento da água em relação à Terra ou em relação ao céu de estrelas. Afinal de contas, na situação descrita por Newton o maior movimento relativo entre o balde e a água ocorre após o balde ter sido solto e começado a girar rapidamente em relação à Terra, enquanto que a água não chegou a ter tempo de girar junto com o balde. Se esta é a interpretação correta das idéias de Berkeley, seguiria que para ele a forma côncava da superfície da água surgiria apenas quando houvesse uma rotação relativa entre a água e a Terra (ou entre a água e o conjunto das estrelas fixas), embora não pudéssemos atribuir uma rotação absoluta e real nem para a água nem para a Terra (ou nem para o conjunto de estrelas fixas). Mas obviamente estamos aqui atribuindo mais a Berkeley do que o que ele realmente disse. Como vimos antes ao mostrar e discutir o Parágrafo 113 (ver especialmente a primeira frase), algumas vezes Berkeley é confundido pelos argumentos de Newton.

Nestes casos fala então de força como algo absoluto, indicando que podemos saber qual corpo está realmente e absolutamente em movimento ao observar em qual corpo a força está agindo. Esta afirmação, contudo, não faz sentido numa teoria completamente relacional.

Ele sugeriu mais claramente do que Leibniz substituir o espaço absoluto de Newton pelo céu de estrelas fixas na Seção 64 do *De Motu*:

> 64. Além do mais, como o movimento do mesmo corpo pode variar com a diversidade do lugar relativo e, mais ainda, como na verdade uma coisa pode ser dita estar em movimento num sentido e num outro sentido estar em repouso, para determinar o movimento e repouso verdadeiros, para remover a ambigüidade e para o avanço da mecânica destes filósofos que consideram a visão mais ampla do sistema de coisas, seria suficiente introduzir, ao invés do espaço absoluto, o espaço relativo restrito ao céu de estrelas fixas, considerado como estando em repouso. O movimento e o repouso definidos por este espaço relativo podem ser usados convenientemente ao invés dos absolutos, que não podem ser distinguidos deles por qualquer indício. (...)

Duzentos anos depois Mach também vai propor substituir o espaço absoluto de Newton pelo céu de estrelas fixas.

Nas Seção 58 a 60 do *De Motu* Berkeley discutiu as experiências dos dois globos e do balde de Newton:

> 58. Do que já foi mencionado fica claro que não temos de definir o lugar verdadeiro de um corpo como a parte do espaço absoluto ocupada pelo corpo e o movimento verdadeiro ou absoluto como a mudança do lugar verdadeiro ou absoluto, pois todo lugar é relativo assim como todo movimento é relativo. Mas para fazer com que isto apareça mais claramente, temos de chamar a atenção que nenhum movimento pode ser compreendido sem alguma determinação ou direção, as quais por sua vez não podem ser entendidas a não ser que exista ao mesmo tempo também nosso próprio corpo ou algum outro corpo. Pois *para cima, para baixo, esquerda* e *direita* e todos os lugares e regiões são encontrados em alguma relação e conotam e supõem necessariamente um corpo diferente do corpo em movimento. De tal forma que supondo os outros corpos terem sido aniquilados e, por exemplo, que um globo existisse sozinho, não se poderia conceber nenhum movimento nele; de tão necessário é que seja dado um outro corpo em relação ao qual o movimento possa ser determinado. A verdade desta opinião será vista claramente se cumprirmos completamente

a suposta aniquilação de todos os corpos, de nosso próprio e de todos os outros, exceto daquele globo solitário.

59. Conceba então existirem dois globos e nada corpóreo além deles. Conceba também forças sendo aplicadas de alguma maneira; qualquer que seja nossa compreensão do que é aplicação de forças, a imaginação não pode conceber um movimento circular dos dois globos ao redor de um centro comum. Suponhamos então que o céu de estrelas fixas seja criado; subitamente a partir da noção da aproximação dos globos em direção a partes diferentes deste céu pode-se conceber o movimento. Quer dizer, como o movimento é relativo por sua própria natureza, ele não podia ser concebido antes que os corpos correlacionados fossem dados. Similarmente, nenhuma outra relação pode ser compreendida sem os correlatos.

60. No que diz respeito ao movimento circular muitos pensam que, na medida em que o movimento verdadeiramente circular aumenta, o corpo tende necessariamente cada vez mais para fora de seu eixo. Esta crença surge do fato de que o movimento circular pode ser visto como tendo sua origem, por assim dizer, em cada momento a partir de duas direções, uma ao longo do raio e outra ao longo da tangente; e se o ímpeto for aumentado apenas nesta última direção, então o corpo em movimento vai se afastar do centro e sua órbita cessará de ser circular. Mas se as forças forem aumentadas igualmente em ambas as direções, o movimento permanecerá circular embora acelerado - o que não vai apoiar um aumento nas forças para se afastar do eixo mais do que nas forças para se aproximar dele. Portanto, temos de dizer que a água sendo forçada no balde sobe em direção aos lados do recipiente porque quando novas forças são aplicadas na direção da tangente em qualquer partícula da água, no mesmo instante não são aplicadas novas forças centrípetas iguais. Desta experiência não segue de maneira alguma que o movimento circular absoluto seja reconhecido necessariamente pelas forças de se afastar do eixo de movimento. Novamente, como se deve entender os termos *forças corpóreas* e *pressão* [*connation*] está mais do que suficientemente mostrado na discussão precedente.

Isto é, para Berkeley só faz sentido dizer que os dois globos giram quando temos outros corpos em relação aos quais podemos referir o movimento. Além do mais, esta rotação será apenas relativa, pois não podemos dizer cinematicamente se são os globos que estão em movimento giratório enquanto o céu de estrelas fixas está em repouso, ou o oposto. Mas ele não diz explicitamente que a tensão na corda ligando os globos só vai aparecer quando há esta rotação relativa entre os globos e o céu de estrelas fixas. Ele também não diz explicitamente que a tensão na corda só vai aparecer quando se cria o céu de estrelas fixas, como havia sido apontado por Clarke.

No que diz respeito à sua discussão da experiência do balde girante, novamente Berkeley não enfatizou o papel das estrelas fixas na geração das forças centrífugas. Também não disse que a água ficaria plana se os outros corpos do universo fossem aniquilados.

Mas mesmo se estas são as interpretações corretas de suas idéias, Berkeley não as implementou quantitativamente. Isto é, ele não apresentou uma lei de força específica mostrando que quando mantemos os globos ou a água em repouso (por exemplo, em relação à Terra ou a um observador material) e giramos o céu de estrelas fixas (novamente em relação à Terra ou a um observador material), então vai aparecer uma força centrífuga real criando a tensão na corda e empurrando a água contra as paredes do balde devido a esta rotação relativa.

Ele também não mencionou a proporcionalidade entre inércia e peso, ou entre as massas inerciais e gravitacionais. Não chegou nem mesmo a sugerir que a força centrífuga poderia ser devida a uma interação *gravitacional* do corpo de prova com a matéria distante.

Muitos outros discutiram estes aspectos da teoria newtoniana antes de Mach, sem porém avançar mais do que Leibniz ou Berkeley. Para uma discussão breve, ver [leibnizclarke 84], pp. xl a xlix. Não entraremos em detalhes aqui sobre estes autores já que as principais idéias foram desenvolvidas por Leibniz e por Berkeley. Estes pontos de vista foram grandemente aprofundados, explorados e desenvolvidos por Mach. Este é o assunto do próximo Capítulo.

Mach e a Mecânica Newtoniana

Sistema de Referência Inercial

Neste Capítulo apresentamos as críticas de Ernst Mach (1838-1916) à mecânica newtoniana. Vamos seguir alguns dos exemplos discutidos nos Capítulos anteriores para ilustrar aspectos da mecânica clássica que Mach considerava negativos e como ele sugeriu superá-los. Embora várias das críticas apresentadas por Mach contra a formulação newtoniana já tivessem sido formuladas por Leibniz e Berkeley, os escritos de Mach tiveram uma influência muito maior sobre os físicos do que os trabalhos dos outros autores.

Começamos com o problema do movimento retilíneo uniforme. De acordo com a primeira lei do movimento de Newton (a lei da inércia), se não há força resultante agindo sobre um corpo ele vai permanecer em repouso ou então vai mover-se em uma linha reta com uma velocidade constante. Mas em relação a que sistema de referência vai o corpo permanecer em repouso ou em movimento retilíneo uniforme? De acordo com Newton é em relação ao espaço absoluto ou a qualquer outro sistema de referência que se move com uma velocidade constante em relação ao espaço absoluto. O problema com esta afirmação é que não temos qualquer acesso ao espaço absoluto, isto é, não podemos saber nossa posição ou velocidade em relação ao espaço absoluto. Mach queria que a física se livrasse destas noções de espaço e tempo absolutos. No Prefácio da primeira edição (1883) de seu livro *A Ciência da Mecânica*, disse:"Este volume não é um tratado sobre a aplicação dos princípios da mecânica. Seus objetivos são de esclarecer as idéias, expor o significado real do assunto e ficar livre de obscuridades metafísicas" [mach 60]. No Prefácio da sétima edição alemã (1912) deste livro, escreveu:

> O caráter do livro permaneceu o mesmo. Em relação às concepções monstruosas de espaço absoluto e tempo absoluto não posso retratar-me em nada. Aqui mostrei apenas mais claramente do que até então que Newton de fato falou muito sobre estas coisas, mas por toda a parte não fez aplicações sérias delas. Seu quinto corolário[1] contém o único *sistema inercial* usado na prática (provavelmente aproximado).

O que Mach sugeriu para substituir o espaço absoluto de Newton? Ele propôs o restante da matéria no universo ([mach 60], pp. 285-6):

> O comportamento dos corpos terrestres em relação à Terra é reduzível ao comportamento da Terra em relação aos corpos celestes remotos. Se fôssemos defender que sabemos mais dos objetos móveis do que este seu último comportamento, dado experimentalmente em relação aos corpos celestes, nos tornaríamos culpados de falsidade. Quando, conseqüentemente, dizemos que um corpo mantém inalteradas sua direção e velocidade no espaço, nossa afirmativa não é nada mais nada menos do que uma referência abreviada a todo o universo.

Sua resposta mais clara aparece nas páginas 336-337 de seu livro já mencionado, nossa ênfase:

> 4. Tenho um outro ponto importante a discutir agora contrário a C. Neumann[2], cuja publicação bem conhecida sobre este tópico precedeu a minha[3] por pouco tempo. Defendi que a direção e velocidade que são levadas em conta na lei da inércia não têm significados compreensíveis se a lei se referir ao "espaço absoluto". De fato, só podemos

1. *Principia*, 1687, p. 19.
2. *Die Principien der Galilei-Newton'schen Theorie*, Leipzig, 1870.
3. *Erhaltung der Arbeit*, Prague, 1872. (Traduzida parcialmente para o inglês no artigo "A Conservação da Energia". Popular Scientific Lectures, terceira edição, Chicago, 1898.)

determinar metricamente a direção e velocidade num espaço no qual os pontos são diretamente ou indiretamente marcados por corpos dados. O tratado de Neumann e o meu próprio tiveram sucesso em chamar nova atenção para este ponto, que já tinha causado muito desconforto intelectual a Newton e a Euler; apesar disto não resultaram nada mais do que tentativas parciais de solução, como aquela de Streintz. *Permaneço até o dia de hoje como a única pessoa que insiste em referir a lei de inércia à Terra e, no caso de movimentos de grande extensão espacial e temporal, às estrelas fixas.*

Concordamos completamente com Mach neste ponto. Esta última sentença é uma formulação muito melhor da lei da inércia do que a de Newton em termos do espaço absoluto. Isto é, em experiências típicas de laboratório que duram muito menos do que uma hora e que não se estendem muito no espaço comparado com o raio terrestre (como no estudo de molas, movimento de projéteis, colisão de duas bolas de bilhar etc.) podemos utilizar a Terra como nosso sistema inercial. Isto significa que podemos aplicar as leis de Newton do movimento sem as forças fictícias neste referencial com o fim de estudar estes movimentos com uma razoável precisão. Por outro lado, em experiências que duram muitas horas (como no pêndulo de Foucault) ou nas quais estudamos movimentos com escalas temporais e espaciais grandes (como no caso de ventos, correntes marítimas etc.), um sistema de referência inercial melhor do que a Terra é o referencial definido pelas estrelas. O conjunto das estrelas fixas é também um bom sistema inercial para estudar a rotação diurna da Terra ou sua translação anual ao redor do Sol. Nestes casos a aplicação das leis de Newton vai dar ótimos resultados sem precisar levar em conta as forças fictícias neste referencial das estrelas fixas. Hoje em dia podemos dizer que um sistema de referência inercial melhor ainda para estudar a rotação ou movimento de nossa galáxia como um todo (em relação às outras galáxias, por exemplo) é o referencial definido pelas galáxias externas ou o sistema de referência no qual a radiação cósmica de fundo é isotrópica.

As Duas Rotações da Terra

Mach estava ciente das evidências observacionais de que a rotação cinemática da Terra em relação às estrelas fixas é a mesma que a rotação dinâmica da Terra em relação a um referencial inercial. Isto é, o melhor sistema de referência inercial conhecido na época (aquele no qual podemos aplicar com sucesso a segunda lei de Newton do movimento sem introduzir as forças fictícias como a centrífuga e de Coriolis) não gira em relação ao céu de estrelas fixas. Ele expressou este fato nas pp. 292-293 de *A Ciência da Mecânica*: "Seeliger tentou determinar a relação do sistema inercial com o sistema de coordenadas astronômico empírico que está em uso e acredita poder afirmar que o sistema empírico não pode girar ao redor do sistema inercial por mais do que alguns segundos de arco num século".

Hoje em dia sabemos que, se há uma rotação entre estes dois sistemas de referência (o inercial e o das estrelas fixas), ela é menor do que 0,4 segundos de arco por século, [schiff 64], isto é:

$$\omega_k - \omega_d \leq \pm\, 0{,}4\ s/século = \pm\, 1{,}9 \times 10^{-8}\ rad/ano.$$

Como $\omega_k = 2\pi/(24\ horas) = 7{,}29 \times 10^{-5}\ rad/s$ obtemos:

$$\frac{\omega_k - \omega_i}{\omega_k} \leq \pm\, 8 \times 10^{-12}$$

Poucos fatos na física têm uma precisão de uma parte em 10^{11} como aqui. Este é um dos pilares empíricos mais fortes a favor do princípio de Mach. É difícil aceitar este fato como uma simples coincidência. Como já vimos, este fato é equivalente à afirmação de que o universo como um todo (o conjunto das galáxias) não gira em relação ao espaço absoluto. Este fato sugere que é a matéria distante que determina e estabelece o melhor referencial inercial. Se é este o caso, precisamos entender e explicar esta conexão entre a matéria distante e os sistemas inerciais locais. Uma resposta a este enigma não é encontrado na mecânica newtoniana já que nela não há nenhuma relação das estrelas fixas e das galáxias distantes com os referenciais inerciais.

Massa Inercial

Um outro problema na mecânica clássica é aquele da quantidade de matéria ou massa inercial, ou seja, da massa que aparece na segunda lei do movimento de Newton, no momento linear, no momento angular e na energia cinética. Newton a definiu como o produto do volume do corpo por sua densidade. Esta é uma definição pobre já que usualmente definimos a densidade como a razão entre a massa inercial ou quantidade de matéria pelo volume do corpo. Esta definição de Newton só seria útil e evitaria círculos viciosos se Newton houvesse especificado como definir e medir a densidade do corpo sem usar o conceito de massa, coisa que ele não fez. O primeiro artigo escrito por Mach, onde ele criticou esta definição e apresentou uma outra melhor, é de 1868. Ele foi reimpresso no livro de Mach intitulado *A História e as Raízes do Princípio de Conservação da Energia*, de 1872 [mach 81], pp. 80-85. No livro *A Ciência da Mecânica* ele elaborou um pouco mais sua nova proposta. Entre outras coisas, afirmou: "A definição I é uma pseudodefinição, como já foi demonstrado. O conceito de massa não fica mais claro descrevendo a massa como o produto do volume pela densidade, já que a própria densidade denota simplesmente a massa pela unidade de volume. A definição verdadeira de massa só pode ser deduzida das relações dinâmicas dos corpos" [mach 60], p. 300.

Ao invés da definição de Newton, propôs o seguinte ([mach 60], p. 266):

> *Diz-se que têm massas iguais todos os corpos que, ao agir mutuamente um sobre o outro, produzem em cada um acelerações iguais e opostas.*

> Nesta definição nós simplesmente designamos, ou nomeamos, uma relação real das coisas. No caso geral procedemos similarmente. Os corpos A e B recebem, respectivamente, as acelerações $-\varphi$ e $+\varphi'$ como um resultado de suas ações mútuas, onde os sentidos das acelerações estão indicados pelos sinais.

> Dizemos então que B tem φ/φ' vezes a massa de A. *Se tomamos A como nossa unidade, atribuímos ao corpo B que comunica a A m vezes a aceleração que A comunica a ele por reação, a massa m.* A razão das massas é o negativo da razão inversa das contra-acelerações. A experiência nos ensina, sendo que somente ela pode nos ensinar isto, que estas acelerações têm sinais opostos, que há, portanto, de acordo com a nossa definição, apenas massas positivas. No nosso conceito de massa não está envolvida nenhuma teoria; a "quantidade de matéria" é completamente desnecessária nele; tudo que ele contém é a fundação exata, designação e determinação de um fato.

Nesta definição chave de massa inercial, Mach não especificou claramente o sistema de referência em relação ao qual se deve medir as acelerações. É simples perceber que esta definição depende do sistema de referência. Por exemplo, observadores que estão acelerados em relação um ao outro vão encontrar razões de massa diferentes ao analisar a mesma interação de dois corpos, se cada observador utilizar seu próprio sistema de referência para definir as acelerações e chegar nas massas. Ou seja, o valor m_1/m_2 vai ficar dependendo do sistema de referência e isto é certamente indesejável.

Mas é evidente dos seus escritos que Mach tinha em mente o referencial das estrelas fixas como sendo o único referencial a ser utilizado nesta definição. Isto foi mostrado conclusivamente num artigo importante de Yourgrau e van der Merwe, [yourgrauvandermerwe 68]. Citamos aqui alguns trechos de Mach para provar que esta é a interpretação correta que ele próprio queria dar: ao discutir a experiência do balde, Mach disse: "O sistema de referência natural para ele [Newton] é aquele que tem qualquer movimento uniforme ou translação sem rotação (relativamente à esfera das estrelas fixas)" [mach 60], p. 281. Estas palavras entre parêntesis são do próprio Mach e não vieram de Newton. Na página 285 ele disse:

> Agora, para ter um sistema de referência válido em geral, Newton expôs o quinto corolário do *Principia* (p. 19 da primeira edição). Ele imaginou um sistema de coordenadas terrestre momentâneo, no qual a lei de inércia é válida, bem firme no espaço sem qualquer rotação em relação às estrelas fixas.

Mais uma vez estas últimas palavras (em relação às estrelas fixas) são de Mach e não de Newton. E nas páginas 294-295 disse:

> Não há, creio, diferença de significado entre Lange e eu próprio (...) em relação ao fato de que, atualmente, o céu de estrelas fixas é o único sistema de referência útil na prática e em relação ao método de obter um novo sistema de referência por correção gradual.

A Formulação de Mach da Mecânica

Após clarificar estes pontos, apresentamos aqui a formulação de Mach para a mecânica. Esta formulação foi sugerida por ele com o intuito de substituir os postulados e corolários de Newton. Ele apresentou pela primeira vez esta formulação em 1868, ver [mach 81], especialmente as páginas 84 e 85. Apresentamos aqui sua formulação final, ver [mach 60], pp. 303-304:

> Mesmo se aderimos absolutamente aos pontos de vista newtonianos e deixamos de lado as complicações e características indefinidas já mencionadas, que não são removidas mas apenas disfarçadas pelas designações abreviadas de "Tempo" e "Espaço", é possível substituir os enunciados de Newton por proposições muito mais simples, melhor arranjadas metodicamente e mais satisfatórias. Tais proposições seriam as seguintes, em nossa opinião:
>
> *(a) Proposição experimental.* Corpos colocados em frente um do outro induzem em cada um, sob certas circunstâncias a serem especificadas pela física experimental, *acelerações* contrárias na direção da linha que os une. (O princípio da inércia está incluído aqui.)
>
> *(b) Definição.* A razão de massas de quaisquer dois corpos é o negativo da razão inversa das acelerações mutuamente induzidas destes corpos.
>
> *(c) Proposição experimental.* As razões de massa dos corpos são independentes do caráter dos estados físicos (dos corpos) que condicionam as acelerações mútuas produzidas, sejam estes estados elétrico, magnético, ou qualquer outro; e elas permanecem, além disto, as mesmas, quer cheguemos a elas por intermediários ou imediatamente.
>
> *(d) Proposição experimental.* As acelerações que qualquer número de corpos A, B, C (...) induzem num corpo K, são independentes uma da outra. (O princípio do paralelogramo de forças segue imediatamente daqui.)
>
> *(e) Definição.* A força motriz é o produto do valor da massa do corpo pela aceleração induzida neste corpo.

Estas são proposições claras e razoáveis, desde que saibamos o sistema de referência em relação ao qual as acelerações devam ser medidas. Como já vimos, para Mach um sistema de referência ao qual se deve referenciar estas acelerações é a Terra. Se necessitamos de uma melhor precisão ou de razões de massa mais acuradas, ou ainda se estamos lidando com corpos astronômicos, então de acordo com Mach precisamos utilizar o referencial das estrelas fixas.

Esta formulação machiana da mecânica é muito melhor do que a newtoniana. Contudo, isto ainda não é suficiente. Ela não explica a proporcionalidade entre inércia e peso (ou entre m_i e m_g), ela não explica por que o conjunto de estrelas fixas é um bom referencial inercial (ou por que o conjunto das estrelas fixas não gira em relação aos referenciais inerciais) e também não explica a origem das forças fictícias (como a centrífuga e a de Coriolis). Embora esta formulação represente um progresso considerável em relação a Newton, Leibniz e Berkeley, a implementação quantitativa completa da mecânica relacional requer muito mais do que Mach realizou. Apesar disto ele deu um grande passo adiante na direção correta.

Mecânica Relacional

Além destas clarificações e de sua nova formulação da mecânica, Mach apresentou duas sugestões e percepções extremamente relevantes. A primeira foi a de enfatizar que na mecânica devemos ter apenas grandezas relacionais. Isto é, a física deve depender somente da distância relativa entre corpos e de suas velocidades relativas, mas não de posições ou de velocidades absolutas (ou em relação ao espaço vazio). As grandezas absolutas não devem aparecer na teoria já que elas não aparecem nas experiências. Sua segunda grande sugestão está relacionada com a experiência do balde, assunto que discutiremos mais adiante. Inicialmente discutimos seus comentários relacionados com a mecânica relacional.

Suas afirmações neste sentido podem ser encontradas em diversos lugares de *A Ciência da Mecânica*, de onde tiramos o seguinte (nossa ênfase):

> p. 279: Se, em um sistema espacial material, há massas com velocidades diferentes, que podem entrar em relações mútuas umas com as outras, então estas massas nos apresentam forças. Só podemos decidir quão grandes são estas forças quando sabemos as velocidades a que estas massas são levadas. Massas *em repouso* também representam forças se *todas* as massas não estão em repouso. Pense, por exemplo, no balde girante de Newton, no qual a água ainda não está girando. Se a massa m tem a velocidade v_1 e é para ser levada até a velocidade v_2, a força que tem de ser dispendida nela é $p = m\,(v_1 - v_2)/t$, ou o trabalho que tem de ser feito é $ps = m\,(v_1^2 - v_2^2)$. *Todas as massas e todas as velocidades e, conseqüentemente, todas as forças são relativas.* Não há decisão a que podemos chegar entre absoluto e relativo, ao qual seja-

mos forçados ou da qual possamos obter qualquer vantagem intelectual ou de outro tipo. Quando autores bem modernos se deixam levar pelos argumentos newtonianos que são derivados do balde de água, a distinguir entre movimento relativo e absoluto, eles não refletem que o sistema do mundo é dado apenas *uma vez* para nós e que a visão ptolomaica ou copernicana é *nossa* interpretação, mas ambas são igualmente verdadeiras. *Tente fixar o balde de Newton e girar o céu das estrelas fixas e então prove a ausência de forças centrífugas.*

pp. 283-284: Vamos examinar agora o ponto sobre o qual Newton se baseia, aparentemente com motivos razoáveis, para sua distinção do movimento absoluto e relativo. Se a Terra sofre uma rotação *absoluta* ao redor de seu eixo, forças centrífugas aparecem na Terra: ela assume uma forma oblata, a aceleração da gravidade é diminuída no Equador, o plano do pêndulo de Foucault gira e assim por diante. Todos estes fenômenos desaparecem se a Terra fica em repouso e os outros corpos celestes sofrem um movimento absoluto ao redor dela, tal que a mesma rotação *relativa* seja produzida. Este é, de fato, o caso, se começamos desde o início [*ab initio*] com a idéia de espaço absoluto. Mas se nos baseamos nos fatos, encontraremos que só temos conhecimento dos espaços e movimentos *relativos. Relativamente, sem considerar o meio desconhecido e desprezado do espaço, os movimentos do universo são os mesmos quer adotemos o ponto de vista ptolomaico ou o copernicano. Ambos pontos de vista são, na verdade, igualmente corretos; apenas que o último é mais simples e mais prático*. O universo não é dado duas vezes, com uma Terra em repouso e com uma Terra em movimento; mas apenas uma vez, com seus movimentos *relativos* sendo os únicos determináveis. Concomitantemente, não nos é permitido dizer como seriam as coisas se a Terra não girasse. Podemos interpretar o caso único que nos é dado de formas diferentes. Se, contudo, o interpretarmos de forma a ficar em conflito com a experiência, nossa interpretação está simplesmente errada. *Os princípios da mecânica podem, de fato, ser concebidos tal que mesmo para rotações relativas surgem as forças centrífugas.*

A partir destas e de outras citações compreendemos que de acordo com Mach uma mecânica relacional deve depender apenas de grandezas relativas como a distância entre corpos,

$$r_{mn} = \left|\vec{r}_m - \vec{r}_n\right|$$

e suas derivadas temporais:

$$\dot{r}_{mn} = \frac{dr_{mn}}{dt}, \quad \ddot{r}_{mn} = \frac{d^2 r_{mn}}{dt^2}, \quad \dddot{r}_{mn} = \frac{d^3 r_{mn}}{dt^3}, \text{ etc.}$$

Além do mais, os conceitos de espaço e tempo absolutos não devem aparecer.

Mach e a Experiência do Balde

Quando Mach discutiu a experiência do balde de Newton, ele enfatizou fortemente o fato de que não podemos desprezar os corpos celestes na análise da experiência. De acordo com Mach a forma parabólica da água girante é devida à sua rotação em relação às estrelas fixas e não devido à sua rotação em relação ao espaço absoluto. Por exemplo, na página 284 de *A Ciência da Mecânica*, afirmou:

> A experiência de Newton com o recipiente de água girando nos informa simplesmente que a rotação relativa da água em relação aos lados do recipiente não produz forças centrífugas perceptíveis, mas que tais forças são produzidas por sua rotação relativa em relação à massa da Terra e dos outros corpos celestes. Ninguém é competente para dizer qual seria o resultado da experiência se os lados do recipiente aumentassem em espessura e massa até que eles tivessem finalmente uma espessura de várias léguas. Uma única experiência está diante de nós e nossa função é fazê-la concordar com os outros fatos conhecidos por nós e não com as ficções de nossa imaginação.

O aspecto mais importante a ser enfatizado aqui é que isto não é apenas uma questão de linguagem. Isto é, ao invés do espaço absoluto de Newton poderíamos falar do sistema das estrelas fixas de Mach e então tudo estaria resolvido, caso tudo não passasse de uma questão de linguagem. Mas as citações indicadas anteriormente apontam um significado mais forte. Elas sugerem, na verdade, uma origem dinâmica para a força centrífuga de acordo com Mach. Isto é, a força centrífuga seria uma força real que só apareceria num sistema de referência em relação ao qual o céu de estrelas fixas estivesse girando. Este aspecto ou esta interpretação não pode ser derivado das leis do movimento de Newton nem de sua lei da gravitação universal. Vamos enfatizar uma destas citações de

Mach mais uma vez: "Tente fixar o balde de Newton e girar o céu das estrelas fixas e então prove a ausência de forças centrífugas".

Na experiência real de Newton a superfície da água ficava côncava quando esta girava em relação à Terra. A rotação do balde e da água em relação à Terra é muito maior do que a rotação diurna da Terra em relação às estrelas fixas. Podemos então considerar a Terra como estando essencialmente em repouso ou em movimento retilíneo uniforme em relação às estrelas fixas nesta experiência. Tanto para Newton quanto para Mach a concavidade da água não era devido à sua rotação em relação à Terra, já que esta vai sempre atrair a água para baixo, não importando o movimento da água em relação à Terra (ou, equivalentemente, não importando a rotação da Terra em relação à água). Contudo, enquanto para Newton o conjunto das estrelas não tem nenhum efeito sobre a água, para Mach é justamente a rotação da água em relação ao conjunto das estrelas que causa sua concavidade.

Podemos distinguir os pontos de vista de Newton e Mach com uma experiência de pensamento. Vamos supor que o balde, a água e a Terra estão em repouso em relação ao espaço absoluto e que o conjunto das estrelas fixas gira ao redor do eixo de simetria do balde com $-\omega$ (ou seja, com uma velocidade angular igual e oposta ao da experiência de Newton, para que haja uma igualdade cinemática entre o movimento relativo da água e das estrelas fixas nos dois casos). Como ficaria a superfície da água de acordo com estes autores?

De acordo com a mecânica newtoniana a superfície da água vai permanecer plana, já que ela está em repouso em relação ao espaço absoluto, e o céu de estrelas girando ao redor dela não exerce força gravitacional resultante sobre suas moléculas. Para concluir isto basta lembrar do Teorema 30 de Newton apresentado anteriormente. Como sua lei da gravitação universal não depende da velocidade nem da aceleração, vem que um conjunto de cascas esféricas girando ou paradas não vão exercer nenhuma força resultante em nenhum corpo interno, qualquer que seja sua posição ou movimento.

Já para Mach a concavidade da água deve surgir e ser a mesma que no caso da experiência real de Newton. Isto é, desde que a rotação relativa entre a água e o conjunto das estrelas seja a mesma, devem ocorrer os mesmos fenômenos. Para Mach o espaço absoluto não existe e, portanto, não pode exercer qualquer efeito aqui. Somente a rotação relativa entre a água e as estrelas fixas deve importar.

Concordamos com Mach e não com Newton em relação ao que iria ocorrer se esta experiência fosse realizada. Isto é, se a situação cinemática é a mesma (estrelas em repouso em relação a um sistema de referência arbitrário, enquanto a água gira com $+\omega\hat{z}$ em relação a ele, ou então a água em repouso em relação a um outro sistema de referência enquanto as estrelas giram com $-\omega\hat{z}$ em relação a ele), então os efeitos dinâmicos também têm de ser os mesmos (a água tem de subir na direção das paredes do balde, nos dois casos). A única coisa que Mach não sabia é que o agente responsável pela concavidade da superfície da água é a rotação da água em relação às galáxias distantes e não em relação às estrelas fixas. Mais tarde explicamos o motivo disto.

Obviamente esta experiência de pensamento que estamos considerando aqui não é completamente equivalente à experiência real de Newton. A equivalência cinemática somente seria completa se a Terra girasse junto com as estrelas fixas com $-\omega\hat{z}$ em relação ao balde e à água. Mas estamos desprezando aqui as forças tangenciais (que estão num plano perpendicular ao eixo de giro) exercidas pela Terra girante sobre as moléculas da água. Isto é, estamos assumindo que a força exercida pela Terra sobre a água é essencialmente seu peso apontando para baixo, não interessando a rotação da Terra em relação à água.

Mach disse: "Tente fixar o balde de Newton e girar o céu das estrelas fixas e então prove a ausência de forças centrífugas". A importância principal desta afirmativa foi a de sugerir claramente que a força centrífuga tem uma origem na rotação relativa entre os corpos que sentem ou sofrem estas forças e as massas distantes do universo. Muitos físicos foram fortemente influenciados por estas idéias de Mach, e no final estas idéias levaram à mecânica relacional.

O que Mach Não Mostrou

Apresentamos aqui brevemente alguns aspectos que estão incorporados no princípio de Mach, mas que ele não implementou quantitativamente. Chama-se de "Princípio de Mach" à idéia de que a inércia de qualquer corpo (sua massa inercial ou sua resistência a sofrer acelerações) surge ou é causada por sua interação com o universo distante.

Em primeiro lugar Mach não enfatizou que a inércia de um corpo é devido a uma interação *gravitacional* com os outros corpos no universo. Em princípio esta ligação entre a inércia de um corpo e os corpos celestes distantes poderia ser devida a qualquer tipo de interação conhecida (elétrica, magnética, elástica...) ou mesmo a um novo tipo de interação. Em nenhum lugar ele disse que a inércia de um corpo deveria vir de uma interação *gravitacional* com as estrelas fixas. Os primeiros a sugerir isto parecem ter sido os irmãos Friedlander em 1896, [friedlanderfriedlander 96]. Esta idéia também foi adotada por W. Hofmann em 1904, por Einstein em 1912, por Reissner em 1914-1915, por Schrödinger em 1925 e por muitos outros desde então, ver: [assis 94a], Seções 7.6 (Mach's principle) e 7.7 (The Mach-Weber model).

Ele também não derivou a proporcionalidade entre as massas inercial e gravitacional. Na página 270 de *A Ciência da Mecânica*, Mach disse: "O fato de que a *massa* pode ser *medida* pelo *peso*, onde a aceleração da gravidade é constante, também pode ser deduzido de nossa definição de massa". Não concordamos com Mach sobre esta dedução. O fato de que dois corpos de massas diferentes (e/ou composições químicas diferentes, e/ou formas diferentes etc.) caem para a Terra com a mesma aceleração no vácuo não pode vir da definição de Mach para a massa, mas apenas da experiência. Podemos deixar dois corpos A e B interagir entre si através de uma mola sobre uma mesa sem atrito e determinar a razão de massa entre eles pela definição de Mach, mas disto não se pode concluir que eles vão cair com a mesma aceleração no vácuo. Apenas a experiência indica que este vai ser o caso. Também não há nada na definição de massa de Mach ("A razão de massas de quaisquer dois corpos é o negativo da razão inversa das acelerações mutuamente induzidas destes corpos") que indique uma relação entre massa e peso (ou entre m_i e m_g). Logo, esta afirmação de Mach de que de sua definição vem que podemos medir a massa de um corpo por seu peso nos parece vazia. Newton neste sentido foi mais feliz do que Mach e esteve mais de acordo com os fatos ao afirmar que vem *da experiência* (seja de queda livre ou de pêndulos) que podemos medir a massa pelo peso.

Mach deixou claro que a matéria distante como o conjunto das estrelas fixas estabelecem um excelente sistema inercial. Mas ele também não explicou este fato, nem indicou como esta conexão entre as estrelas distantes e os referenciais inerciais determinados localmente poderia surgir. Ele colocou todos pensando na direção correta, embora não tenha fornecido a chave para desvendar o mistério.

Um outro ponto é que ele não mostrou como o céu de estrelas fixas pode gerar as forças centrífugas ao girar. O mesmo pode ser dito de Leibniz, Berkeley e todos os outros. Isto é, Mach sugeriu que a natureza deve se comportar desta maneira, mas ele não propôs uma lei de força específica que tivesse esta propriedade. Com a lei de Newton da gravitação, uma casca esférica não exerce forças sobre corpos internos, quer a casca esteja em repouso ou girando, não importando a posição ou movimento dos corpos internos. Veremos que com uma lei de Weber para a gravitação pode-se mostrar que o conjunto das galáxias e estrelas gera forças centrífugas ao girar.

A época já era madura durante a vida de Mach para uma implementação da mecânica relacional. A ciência física e em particular o eletromagnetismo estavam altamente desenvolvidos durante a segunda metade do século passado. A força relacional de Weber para o eletromagnetismo apareceu em 1846. Uma força similar foi aplicada para a gravitação na década de 1870. Ao mesmo tempo Mach estava publicando suas críticas à mecânica newtoniana e propondo sua nova formulação. Embora tenha trabalhado com muitas áreas da física, incluindo a mecânica, a gravitação, a termodinâmica e a óptica, ele não parece ter trabalhado tão profundamente com o eletromagnetismo após o seu doutoramento (que foi nesta área). Outras pessoas nesta época conheciam a teoria de Weber, mas não fizeram a conexão entre as idéias de Mach e o trabalho de Weber. Se qualquer pessoa tivesse a percepção correta naquela época de juntar as duas coisas, a mecânica relacional poderia ter surgido há um século. Todas as idéias, conceitos, leis de força e ferramental matemático estavam disponíveis durante a segunda metade do século passado para implementá-la. Mas isto simplesmente não aconteceu, como mostra a História. A mecânica relacional só foi descoberta muitos anos depois.

Antes de entrar na nova visão de mundo fornecida pela mecânica relacional, apresentamos as teorias da relatividade de Einstein e os problemas que elas trouxeram para a física.

Teorias da Relatividade de Einstein

Introdução

Albert Einstein (1879-1955) publicou sua teoria da relatividade restrita em 1905, enquanto que a versão final da teoria da relatividade geral foi publicada em 1916. Ao desenvolver estas teorias ele foi fortemente influenciado pelo livro de Mach *A Ciência da Mecânica*, [pais 82], páginas 282-288. Nos últimos anos a física, e a mecânica em particular, passaram a ser dominadas pelas idéias de Einstein, desde que ele ficou famoso após 1919 com a expedição inglesa para determinar o eclipse solar, que aparentemente confirmou suas previsões para o desvio da luz. Desde então a mecânica newtoniana passou a ser considerada apenas como uma aproximação das teorias "corretas" de Einstein.

Defendemos aqui que as teorias de Einstein não implementaram as idéias de Mach. Além disto, apresentamos vários problemas sérios com as teorias da relatividade de Einstein. Em outro Capítulo apresentamos a mecânica relacional e mostramos que ela é muito mais coerente, simples e machiana do que as teorias de Einstein. Defendemos aqui que a mecânica relacional é uma teoria melhor do que as de Einstein para descrever os fenômenos observados na natureza.

Teoria da Relatividade Restrita

A teoria da relatividade restrita de Einstein (também chamada de teoria da relatividade especial) foi apresentada em seu artigo de 1905 intitulado "Sobre a eletrodinâmica dos corpos em movimento", que já está traduzido para o português [einstein 78a], pp. 47-86, de onde tiramos as citações. Ele começa o artigo com os seguintes parágrafos:

> Como é sabido, a eletrodinâmica de Maxwell - tal como atualmente se concebe - conduz, na sua aplicação, a corpos em movimento, a assimetrias que não parecem ser inerentes aos fenômenos. Consideremos, por exemplo, as ações eletrodinâmicas entre um ímã e um condutor. O fenômeno observável depende aqui unicamente do movimento relativo do condutor e do ímã, ao passo que, segundo a concepção habitual, são nitidamente distintos os casos em que o móvel é um, ou o outro, destes corpos. Assim, se for móvel o ímã e estiver em repouso o condutor, estabelecer-se-á em volta do ímã um campo elétrico com um determinado conteúdo energético, que dará origem a uma corrente elétrica nas regiões onde estiverem colocadas porções do condutor. Mas se é o ímã que está em repouso e o condutor que está em movimento, então, embora não se estabeleça em volta do ímã nenhum campo elétrico, há no entanto uma força eletromotriz que não corresponde a nenhuma energia, mas que dá lugar a correntes elétricas de grandeza e comportamento iguais às que tinham no primeiro caso as produzidas por forças elétricas - desde que, nos dois casos considerados, haja identidade no movimento relativo.
>
> Exemplos deste gênero, assim como o insucesso das experiências feitas para constatar um movimento da Terra em relação ao meio luminífero ("Lichtmedium") levam à suposição de que, tal como na mecânica, também na eletrodinâmica os fenômenos não apresentam nenhuma particularidade que possa fazer-se corresponder à idéia de um repouso absoluto. Pelo contrário, em todos os sistemas de coordenadas em que são válidas as equações da mecânica, também são igualmente válidas leis ópticas e eletrodinâmicas da mesma forma - o que, até a primeira ordem de aproximação, já está demonstrado. Vamos erguer à categoria de postulado esta nossa suposição (a cujo conteúdo chamaremos daqui em diante "Princípio da Relatividade"); e, além disso, vamos introduzir o postulado - só aparentemente incompatível com o primeiro - de que a luz, no espaço vazio, se propaga sempre com uma velocidade determinada, independente do estado de movimento da fonte luminosa. Estes dois postula-

dos são suficientes para chegar a uma eletrodinâmica de corpos em movimento, simples e livre de contradições, baseada na teoria de Maxwell para corpos em repouso. A introdução de um "éter luminífero" revelar-se-á supérflua, visto que na teoria que vamos desenvolver não necessitaremos de introduzir um "espaço em repouso absoluto", nem de atribuir um vetor velocidade a qualquer ponto do espaço vazio em que tenha lugar um processo eletromagnético.

Einstein e seus seguidores criaram muitos problemas com esta teoria. A seguir listamos e analisamos alguns deles, em cada Subseção.

Assimetria da Indução Eletromagnética

A assimetria da indução eletromagnética citada no primeiro parágrafo por Einstein não aparece no eletromagnetismo de Maxwell, contrariamente ao que ele afirma. Ela só aparece com uma interpretação específica da formulação de Lorentz para a eletrodinâmica.

Esta assimetria não existia para Faraday, que descobriu o fenômeno. Em 1831 ele obteve que podia induzir uma corrente elétrica num circuito secundário, se variasse a corrente no circuito primário, mas que enquanto a corrente no circuito primário permanecesse constante nenhuma indução podia ser produzida, [faraday 52], ver especialmente a Série I, Parágrafo 10. Ele também descobriu que podemos induzir uma corrente no circuito secundário havendo uma corrente constante no circuito primário, desde que ele movesse um ou outro em relação ao laboratório, de tal forma a resultar um movimento relativo entre ambos, [faraday 52], ver, por exemplo, a Série I, Parágrafos 18 e 19. Ele também podia induzir uma corrente no circuito secundário aproximando ou afastando um ímã permanente, ou mantendo o ímã em repouso em relação à Terra e movendo o circuito secundário, ver, por exemplo, Parágrafos 39-43 e 50-54.

Para explicar suas observações, Faraday postulou a existência de linhas de campo magnético reais, tais que seria induzida uma corrente num circuito próximo sempre que fosse modificado o número de linhas de campo atravessando este circuito, ver [faraday 52]. Para ele não interessava se era o circuito que se movia em relação ao laboratório ou se eram estas linhas de campo que se movimentavam. De acordo com Faraday, a explicação da indução quando aproximamos um circuito a um ímã, ou vice-versa, é sempre a mesma, baseada na existência real de linhas de força magnética e no circuito elétrico cortando estas linhas. Faraday nunca duvidou que estas linhas de força compartilhavam totalmente do movimento do ímã num movimento puramente translacional sem rotações [miller 81], p. 155. Ou seja, para Faraday, quando o ímã era movido em relação ao laboratório com uma velocidade constante, as linhas do campo magnético $\vec{B}$ também se moviam, em relação ao laboratório com esta mesma velocidade constante. Para ele eram estas linhas de campo magnético cortando o circuito secundário que causavam a indução de corrente neste circuito, não importando se eram estas linhas ou o circuito secundário que estavam se movendo em relação ao laboratório.

Maxwell tinha os mesmos pontos de vista em relação a este assunto e não via nenhuma "nítida distinção" para a explicação das experiências de Faraday, não interessando se era o circuito ou o ímã que se movia em relação ao laboratório. Por exemplo, no Parágrafo 531 de seu livro *A Treatise on Electricity and Magnetism* ele resumiu as experiências de Faraday numa única lei (ver [maxwell 54], p. 179):

> O conjunto destes fenômenos pode ser resumido em uma lei. Quando o número das linhas de indução magnética que atravessam um circuito secundário na direção positiva é alterado, uma força eletromotriz age ao redor do circuito, a qual é medida pela razão de diminuição da indução magnética através do circuito.

Maxwell afirmou claramente que estas linhas de indução magnética (ou linhas de força) movem-se quando o ímã está em movimento em relação ao laboratório, no Parágrafo 541:

> A concepção que Faraday tinha da continuidade das linhas de força exclui a possibilidade de elas começarem a existir repentinamente num lugar onde não havia nenhuma [linha de força] antes. Se, portanto, o número de linhas que atravessam um circuito condutor é variado, só pode ser devido ao movimento do circuito através das linhas de força, ou, senão, de outro modo pelas linhas de força movendo-se através do circuito. Em qualquer caso, uma corrente é gerada no circuito.

Isto é, de acordo com Maxwell a explicação para a indução no circuito secundário é sempre a mesma, dependendo apenas do movimento relativo entre este circuito secundário e as linhas do campo magnético geradas pelo ímã ou pelo circuito primário com corrente.

Esta assimetria apontada por Einstein também não aparece na eletrodinâmica de Weber, embora nesta eletrodinâmica não se utilize o conceito de linhas de força, de linhas de indução magnética ou de linhas do campo magnético $\vec{B}$. A eletrodinâmica de Weber depende apenas das distâncias relativas, velocidades relativas e acelerações relativas entre as cargas interagentes ([assis 92a], [assis 94], Capítulo 3, Seção 5.3 e [assis 95a], Capítulo 4). Os conceitos de campos elétrico e magnético não precisam ser introduzidos nesta eletrodinâmica. Parece-nos que Einstein não tinha conhecimento da eletrodinâmica de Weber, já que não sabemos de nenhum trabalho de Einstein onde ele a mencione ou em que cite ao menos o nome de Wilhelm Weber. Apesar disto, esta foi a principal teoria eletromagnética na Alemanha durante a maior parte da segunda metade do século passado. Ela também foi discutida em detalhes no último Capítulo do *Treatise* de Maxwell. Parece também que Einstein nunca leu este livro de Maxwell, embora ele tenha sido publicado em 1873 e uma tradução para o alemão tenha aparecido em 1893 [miller 81], pp. 138-139, nota 7.

O fenômeno da indução é sempre interpretado da mesma maneira na eletrodinâmica de Weber, não interessando se é o ímã ou se é o circuito elétrico que estão em repouso em relação ao observador (ou em relação ao laboratório). A única quantidade importante é a velocidade relativa entre o ímã e o circuito elétrico onde está sendo induzida a corrente. A velocidade de qualquer destes corpos (ímã ou circuito elétrico) em relação ao observador (sistema de referência) ou em relação ao laboratório não tem importância na explicação desta experiência dentro da eletrodinâmica de Weber.

Apresentamos aqui os aspectos gerais da explicação desta experiência baseada na eletrodinâmica de Weber. O ímã é representado pelo circuito 1, por onde flui a corrente I_1. Queremos saber a corrente I_2 que será induzida num circuito secundário 2 devido ao movimento de ambos em relação ao laboratório quando a corrente I_1 é mantida constante. Consideramos então dois circuitos rígidos 1 e 2 que se movem em relação à Terra com velocidades translacionais $\vec{V}_1$ e $\vec{V}_2$, respectivamente, sem qualquer rotação em relação à Terra.

Se não há baterias ou outras fontes de corrente conectadas ao circuito 2 e se sua resistência elétrica é R_2, então a corrente induzida que fluirá nele devido à indução do primeiro circuito é dada por $I_2 = fem_{12}/R_2$, onde fem_{12} é a força eletromotriz induzida pelo primeiro circuito sobre o segundo. A eletrodinâmica de Weber fornece a $d^2\, fem_{12}$ infinitesimal exercida por um elemento de corrente neutro $I_1\, d\vec{\ell}_1$ (com cargas dq_{1+} e $dq_{1-} = -dq_{1+}$) localizado em $\vec{r}_1$ atuando sobre um outro elemento de corrente neutro $I_2\, d\vec{\ell}_2$ (com cargas dq_{2+} e $dq_{2-} = -dq_{2+}$) localizado em $\vec{r}_2$ (ver [assis 94], Seção 5.3).

Integrando este resultado sobre os circuitos fechados C_1 e C_2 obtemos com a eletrodinâmica de Weber a expressão usual da lei de Faraday, a saber:

$$fem_{12} = \frac{-d\left(I_1 M\right)}{dt} = I_1\left(\vec{V}_1 - \vec{V}_2\right) \cdot \nabla_2 M$$

Aqui M é o coeficiente de indutância mútua entre os circuitos. Este resultado também pode ser obtido diretamente na eletrodinâmica de Weber, utilizando a energia de interação entre os circuitos.

É importante perceber que a expressão obtida com a eletrodinâmica de Weber depende apenas da velocidade relativa entre os circuitos, $\vec{V}_1 - \vec{V}_2$. Isto mostra que sempre que esta velocidade relativa for a mesma, também será a mesma a corrente induzida. Por exemplo, na primeira situação de Einstein temos o ímã em movimento em relação à Terra ou ao laboratório, enquanto que o circuito está em repouso $\left(\vec{V}_1 = \vec{V} \text{ e } \vec{V}_2 = 0\right)$. Já na segunda situação temos o ímã em repouso enquanto que o circuito está se movendo na direção oposta em relação à Terra ou ao laboratório ($\vec{V}_1 = 0$ e $\vec{V}_2 = -\vec{V}$). Como o movimento relativo entre o ímã e o circuito é o mesmo nas duas situações, $\vec{V}_1 - \vec{V}_2 = \vec{V}$, a eletrodinâmica de Weber prevê a mesma corrente induzida e isto é o que é observado.

A diferença entre esta previsão baseada na eletrodinâmica de Weber com a outra baseada na força de Lorentz como utilizada por Einstein é de que não é necessário falar em campos elétrico e magnético. Isto significa que a explicação weberiana é a mesma nos dois casos, sem haver nenhuma "nítida distinção" entre estes casos.

Esta "nítida distinção" só aparece na formulação de Lorentz para a eletrodinâmica de Maxwell. E foi justamente a esta formulação de Lorentz que Einstein estava se referindo, sem talvez se aperceber disto, quando falou da assimetria na explicação da indução, ver [miller 81], p. 145. De acordo com Lorentz, quando o ímã está em movimento com uma velocidade $\vec{v}_m$ em relação ao éter, ele gera no éter não apenas um campo magnético, mas também um campo elétrico dado por $\vec{E} = \vec{B} \times \vec{v}_m$. Este campo elétrico agiria então no circuito que está em repouso em relação ao éter, induzindo nele uma corrente. Se o ímã está em repouso no éter, ele gera apenas um campo magnético $\vec{B}$ e nenhum campo elétrico, de tal forma que quando o circuito está se movendo no éter com uma velocidade $\vec{v}_c$ suas cargas vão sentir ou sofrer uma força magnética dada por $q\vec{v}_c \times \vec{B}$ que induzirá uma corrente no circuito. Se $\vec{v}_m = -\vec{v}_c$ então a corrente induzida será a mesma nos dois casos. Mas de acordo com a formulação de Lorentz a origem desta corrente será completamente diferente nos dois casos. Na primeira situação ela é devida a um campo elétrico e não há força magnética, enquanto que na segunda situação não há campo elétrico e a indução é devida à força magnética. Parece que Einstein estava seguindo a discussão deste fenômeno como apresentada por Föppl em seu livro de 1894, que Einstein estudou durante 1896-1900, [miller 81], pp. 146 e 150-154. Para Lorentz o que importava eram velocidades em relação ao éter. Ao tornar supérfluo o éter, Einstein tem de passar a usar velocidades em relação ao observador nesta análise. Com isto ele colocou a física num caminho de confusões ilimitadas. Além do mais, ao enfatizar a formulação de Lorentz da eletrodinâmica de Maxwell com todas as assimetrias inerentes a esta formulação (e que como já vimos não existiam para Faraday, para Maxwell, para Weber e que não estão presentes na observação experimental da indução), mais uma vez Einstein gerou problemas que foram se acumulando no futuro. Tudo isto poderia ser evitado se tivesse optado pelas visões de Faraday, pelas originais de Maxwell, ou pela de Weber. Ou ainda, caso houvesse se guiado unicamente pelas experiências de indução, que não sugerem nenhuma assimetria. Se uma formulação coloca assimetrias que não são encontradas experimentalmente, o caminho mais simples seria abandonar esta formulação, pelo critério da navalha de Occam, principalmente quando há outras formulações que não apresentam estas assimetrias.

Princípio da Relatividade

Einstein chamou de postulado ou princípio da relatividade a afirmação de que "em todos os sistemas de coordenadas em que são válidas as equações da mecânica, também são igualmente válidas leis ópticas e eletrodinâmicas da mesma forma". Na página 52 de [einstein 78a], ele deu a seguinte definição para o princípio da relatividade: "As leis segundo as quais se modificam os estados dos sistemas físicos são as mesmas, quer sejam referidas a um determinado sistema de coordenadas, quer o sejam a qualquer outro que tenha movimento de translação uniforme em relação ao primeiro". Este é um postulado limitado. O motivo para esta limitação é que em sistemas de referência não inerciais a segunda lei do movimento de Newton na forma $\vec{F} = m_i\vec{a}$ precisa ser modificada pela introdução das "forças fictícias".

Embora ele tenha chamado a isto de postulado da *relatividade*, este não é de maneira alguma o caso. Afinal de contas, ele está mantendo o conceito newtoniano de espaço absoluto desvinculado da matéria distante. Newton foi muito mais preciso, correto e feliz ao introduzir os conceitos de espaço e tempo *absolutos* para explicar suas leis do movimento. Newton também soube distinguir muito claramente as diferenças que surgiriam nos fenômenos; de acordo com ele, quando houvesse apenas uma rotação relativa entre os corpos locais e as estrelas fixas, ou quando houvesse uma rotação absoluta real dos corpos locais em relação ao espaço absoluto (a experiência do balde, o achatamento da Terra etc.).

Einstein poderia ter escolhido um nome mais apropriado para este princípio ou postulado. Por exemplo, poderia tê-lo chamado de postulado inercial, ou ainda de postulado absoluto. Com isto evitaria interpretações erradas de sua própria teoria e estaria mais de acordo com as idéias que propôs. Chamar a este postulado que privilegia um conjunto bem determinado e preciso de referenciais de postulado da *relatividade* só podia gerar confusões e mal-entendidos, como infelizmente foi o caso.

Paradoxo dos Gêmeos

Também podemos ver claramente este aspecto absoluto da teoria de Einstein no famoso paradoxo dos gêmeos que aparece na relatividade restrita (mas não na mecânica newtoniana, nem na mecânica relacional apresentada aqui). Dois gêmeos A e B nascem no mesmo dia na Terra. Alguns anos depois um deles, digamos A, viaja para um planeta distante e retorna à Terra para encontrar-se com seu irmão. De acordo com a relatividade de Einstein, o tempo andou mais devagar para A do que para B enquanto A estava viajando, de tal forma que quando eles se encontram de novo B está mais velho do que A. Mas do ponto de vista de A, foi B quem viajou para longe e retornou (afinal A não está vendo ele próprio se mover, mas sim B se afastando dele e depois voltando), de tal forma que era B quem deveria ser o mais jovem ao se reencontrarem. Este é o paradoxo dos gêmeos. Para evitar o paradoxo poderíamos dizer que eles sempre mantêm a mesma idade, mas não é esta a previsão da teoria da relatividade de Einstein. De acordo com esta teoria A realmente ficou mais jovem do que B. Só podemos entender isto dizendo que enquanto B ficou em repouso ou em movimento retilíneo uniforme em relação ao espaço absoluto ou a um referencial inercial, o mesmo não aconteceu com A, que estava em movimento e de fato sofreu acelerações em relação ao espaço absoluto ou a um referencial inercial. Mais uma vez vemos que apesar do nome *relatividade*, a teoria de Einstein manteve os conceitos absolutos básicos da teoria newtoniana.

Aqui só estamos discutindo os aspectos conceituais da teoria de Einstein. Afirma-se que esta dilatação do tempo próprio de um corpo em movimento é comprovada por experiências nas quais mésons instáveis são acelerados em grandes aceleradores. Nestas experiências verifica-se que a meia-vida (tempo de decaimento) destes mésons acelerados é maior do que a meia-vida de mésons em repouso no laboratório. Acontece que esta não é a única interpretação destas experiências. Pode-se igualmente argumentar que elas apenas mostram que a meia-vida dos mésons instáveis depende de seus movimentos em relação à matéria distante (estrelas e galáxias distantes), ou de seus movimentos em relação à Terra, ou então dos fortes campos eletromagnéticos a que estão submetidos nestas experiências. Uma analogia para esta interpretação é o que ocorre com um relógio de pêndulo comum. Suponhamos dois destes relógios idênticos marcando a mesma hora ao nível do solo. Levamos então um deles para o alto da montanha e o deixamos lá por várias horas, trazendo-o de volta para comparar com o que ficou no mesmo local. Observa-se que o relógio que foi ao alto da montanha e voltou está atrasado em relação ao que permaneceu no solo. Este é o fato observacional. Pode-se interpretá-lo dizendo que o tempo andou mais devagar para o relógio que ficou no alto da montanha, ou então dizer que o tempo fluiu igualmente para os dois relógios, apenas que o período de oscilação do pêndulo depende do campo gravitacional. Como este é menor no alto da montanha do que ao nível do mar, o relógio atrasou ao permanecer na montanha comparado ao que permaneceu embaixo. Esta última interpretação nos parece mais natural e simples do que a primeira, que envolve mudanças nos conceitos fundamentais de tempo e espaço, estando mais de acordo com os procedimentos usuais da física. O mesmo pode ser aplicado na experiência dos mésons.Ao invés de afirmar que o tempo anda mais lentamente para o corpo em movimento, nos parece mais simples e de acordo com a experiência afirmar que a meia-vida do méson depende ou dos campos eletromagnéticos a que foi exposto nesta situação ou ao seu movimento (velocidade ou aceleração) em relação ao laboratório e aos corpos distantes do universo. Recentemente Phipps derivou esta explicação alternativa para a experiência dos mésons a partir da mecânica relacional [phipps 96].

Constância da Velocidade da Luz

O segundo postulado da relatividade restrita de Einstein introduz uma outra entidade absoluta na mecânica, a velocidade da luz. Ele o definiu na página 48 de [einstein 78a] dizendo: "a luz, no espaço vazio, se propaga sempre com uma velocidade determinada, independente do estado de movimento da fonte luminosa". Na página 52 ele deu a seguinte definição para o princípio da constância da velocidade da luz: "Qualquer raio de luz move-se no sistema de coordenadas 'em repouso' com uma velocidade determinada *c*, que é a mesma, quer esse raio seja emitido por um corpo em repouso, quer o seja por um corpo em movimento". Com este postulado parece que ele está defendendo a idéia de um éter luminífero, já que a propriedade de algo caminhar com uma velocidade independente do movimento da fonte é característico de ondas caminhando num meio, como é o caso do som. Mas então, logo depois da primeira apresentação deste postulado, Einstein afirma na página 48 que "a introdução de um 'éter luminífero' revelar-se-á supérflua, visto que na teoria que vamos desenvolver não necessitaremos de introduzir um 'espaço em repouso absoluto'". Diante disto só podemos concluir que para Einstein a velocidade da luz é constante não apenas independentemente do estado de movimento da fonte, mas também independentemente do estado de movimento do receptor ou do observador. Esta conclusão é confirmada pela própria derivação deste "fato" numa outra parte deste artigo (ver as páginas 59-60):

> Temos agora que demonstrar que todo o raio de luz, medido no sistema em movimento, se propaga com a velocidade c, se, como vimos admitindo, assim suceder no sistema em repouso; pois ainda não fornecemos a prova de que o princípio da constância da velocidade da luz é compatível com o princípio da relatividade.
>
> Suponhamos que no instante $t = \tau = 0$, em que as origens das coordenadas dos dois sistemas coincidem, é emitida dessa origem uma onda esférica que se propaga no sistema K com velocidade c.
>
> Se for (x, y, z) um dos pontos que está sendo atingido pela onda, ter-se-á $x^2 + y^2 + z^2 = c^2 t^2$. Transformando esta equação por meio das nossas equações de transformação, obtemos depois de um cálculo simples $\xi^2 + \eta^2 + \zeta^2 = c^2 \tau^2$. Assim, a onda considerada também é vista no sistema móvel como uma onda esférica de velocidade de propagação c. Deste modo se prova que os nossos dois princípios fundamentais são compatíveis.

Para nós esta é a principal falha da teoria de Einstein. O motivo é o seguinte: são conhecidos dois tipos de fenômeno na física. O primeiro é o balístico. Suponha um canhão em repouso em relação à superfície da Terra, que atira balas com uma certa velocidade inicial v_b em relação à Terra, desprezando os efeitos da resistência do ar. Caso o canhão passe a se mover com uma velocidade v_c em relação à Terra e atire uma bala, a velocidade da bala em relação à Terra será $v_b + v_c$, enquanto que a velocidade da bala em relação ao canhão continuará sendo v_b, sempre desprezando os efeitos da resistência do ar. Este comportamento é típico dos efeitos balísticos.

O outro tipo de fenômeno conhecido na física é o que depende diretamente do meio. O exemplo mais simples é o da velocidade do som. Neste caso temos um trem em repouso em relação à Terra, emitindo um apito que se move em relação à Terra com a velocidade v_s, supondo o ar em repouso em relação à Terra.

Se o trem passar a se mover com uma velocidade v_t em relação à Terra e apitar, o som do apito ainda vai se mover em relação à Terra com velocidade v_s. Mas agora a velocidade do som em relação ao trem será $v_s - v_t$ na direção frontal e $v_s + v_t$ em relação à sua parte traseira, supondo que o ar ainda está em repouso em relação à Terra e que $v_s > v_t$.

No caso balístico a velocidade das balas é constante em relação à fontes, mas é independente da velocidade da arma em relação à Terra e aos outros corpos celestes. Já no caso do trem apitando a velocidade do som é constante em relação ao meio (ar) e não depende da velocidade da fonte.

Além disto, a velocidade da bala ou do som depende do estado de movimento do observador ou do detector. Vamos considerar um observador ou detector O à direita do canhão, movendo-se com uma velocidade $\vec{v}_o = -v_o \hat{x}$ em relação à Terra. No caso balístico ele vai encontrar uma velocidade $v_b + v_o$ no primeiro caso (canhão em repouso atirando uma bala para a direita com velocidade $+v_b \hat{x}$ em relação à Terra) e $v_b + v_c + v_o$ no segundo caso (canhão movendo-se para a direita com velocidade $+v_c \hat{x}$ em relação à Terra). Em relação ao som, o observador ou detector à direita do trem encontrará em ambos os casos (trem parado ou em movimento) a velocidade para o som dada por $v_s + v_o$, independente da velocidade do trem em relação à Terra e ao ar (novamente estamos supondo o ar em repouso em relação à Terra).

Como vemos aqui, a velocidade das balas ou do som sempre depende do estado de movimento do observador ou detector. Já Einstein conclui que a luz é uma entidade completamente diferente, tal que sua velocidade no vácuo nunca depende da velocidade do observador. Não concordamos com esta conclusão. A luz é uma entidade física que carrega momento linear e energia, que é afetada pelo meio onde se propaga (reflexão, refração, difração, rotação de Faraday do plano de polarização etc.), que age sobre os corpos aquecendo-os, provocando reações químicas, ionizando átomos etc. Neste sentido ela não tem nada de especial e como tal tem similaridades tanto com corpúsculos quanto com o som. A aceitação por outros físicos desta conclusão de que a velocidade da luz é constante para todos observadores inerciais independente de seus movimentos em relação à fonte criou problemas e paradoxos inumeráveis nestes últimos noventa anos. Nada disto aconteceria mantendo-se o conceito plausível de que a velocidade mensurável da luz depende da velocidade do observador ou do detector.

Wesley, Tolchelnikova-Murri, Hayden, Monti e diversos outros apresentaram argumentos bem fortes e convincentes de que os métodos utilizados por Roemer e por Bradley para obter o valor da velocidade da luz provam que o valor medido desta velocidade depende da velocidade do observador em relação à fonte, ver: [wesley 91], Seções 2.2 (*Roemer's measurement of the velocity of light*) e 2.4 (*Bradley aberration to measure velocity of light*), [tolchelnikova-murri 92], [hayden 95], [monti 96] etc. O trabalho fundamental de Roemer pode ser encontrado no original em francês em [cohen 40] e em [taton 78], páginas 151-154. A tradução em inglês encontra-se em [roemer 35] e [cohen 40]. Já o de Bradley pode ser encontrado em [bradley 29], em [sarton 31] e em [bradley 35].

Einstein manteve o conceito newtoniano de espaço absoluto (ou de sistemas inerciais preferenciais) independente da matéria distante e introduziu uma outra quantidade absoluta na teoria, a velocidade da luz. Os trabalhos de Wesley e dos outros, por outro lado, mostram que a velocidade da luz é uma função do estado de movimento do observador.

Velocidade na Força de Lorentz

Um outro problema criado por Einstein foi sua interpretação da velocidade que aparece na força de Lorentz $\vec{F} = q\vec{E} + q\vec{v} \times \vec{B}$. Esta é a expressão fundamental do eletromagnetismo clássico para a força atuando sobre uma carga elétrica q que se move com velocidade $\vec{v}$ na presença de um campo elétrico $\vec{E}$ e de um campo magnético $\vec{B}$. Discutimos isto em [assispeixoto 92], em [assis 94a], Apêndice A: "The Origins and Meanings of the Magnetic Force $\vec{F} = q\vec{v} \times \vec{B}$" e em [assis 95a], Apêndice B: "Força Magnética", onde todas as referências relevantes podem ser encontradas.

Na força de Lorentz $\vec{v}$ é a velocidade da carga q em relação a qual objeto ou a qual entidade? Algumas opções: em relação à fonte macroscópica do campo magnético (um ímã ou fio com corrente), em relação ao próprio campo magnético, em relação a um sistema de referência inercial, em relação a um sistema de referência arbitrário não necessariamente inercial, em relação ao laboratório ou à Terra, em relação ao movimento médio das cargas microscópicas (em geral elétrons) que geram o campo, em relação ao detector de campo magnético etc. Apresentamos aqui as interpretações históricas para esta velocidade.

Maxwell morreu em 1879. Em 1881 J.J.Thomson (1856-1940) chegou teoricamente (pela primeira vez na física) na força magnética dada por $q\vec{v} \times \vec{B}/2$, [whittaker 73], Volume 1, pp. 306-310. Esta velocidade $\vec{v}$ era, para Thomson, a velocidade da carga q em relação ao meio através do qual ela estava se movendo, meio cuja permeabilidade magnética era μ. Para Thomson esta velocidade $\vec{v}$ não era a velocidade da carga q em relação ao éter luminífero, nem em relação ao ímã ou fio com corrente que gerava o campo magnético $\vec{B}$ e nem mesmo em relação ao observador. Ele chamava esta $\vec{v}$ de velocidade real [*actual velocity*] da partícula de carga q. Na página 248 de seu artigo afirmou: "Deve ser enfatizado que aquilo que por conveniência chamamos de velocidade real da partícula é, na verdade, a velocidade da partícula em relação ao meio através do qual ela está se movendo" (...), "meio cuja permeabilidade magnética é μ". Em 1889 Heaviside (1850-1925) chegou teoricamente a $q\vec{v} \times \vec{B}$ (isto é, duas vezes maior que o valor de Thomson) e aceitou a interpretação de Thomson para a velocidade $\vec{v}$. O título de seu artigo é "Sobre os efeitos eletromagnéticos devido ao movimento da eletrificação através de um dielétrico", [heaviside 89]. Este título mostra que para ele esta velocidade $\vec{v}$ era a velocidade da carga q em relação a este meio dielétrico, em relação ao qual ela estava se movendo. H.A. Lorentz (1853-1928) apresentou sua famosa lei de força $\vec{F} = q\vec{E} + q\vec{v} \times \vec{B}$ pela primeira vez em 1895. Não temos conhecimento de nenhuma experiência que ele tenha feito para chegar nesta expressão. Quais foram suas motivações ou seu caminho para chegar a ela? Para responder a isto citamos um trecho de seu famoso livro *The Theory of Electrons*. Entre colchetes vão nossas palavras e a apresentação moderna de algumas de suas fórmulas (por exemplo, $[a \cdot b]$ é em geral representado hoje em dia por $\vec{a} \times \vec{b}$). Ele usava o sistema cgs de unidades e o que chamava de "elétron" representa uma carga elétrica qualquer (a partícula que chamamos hoje em dia de elétron, com carga $q = -1{,}6 \times 10^{-19}\ C$ e massa $m = 9{,}1 \times 10^{-31}\ kg$ só foi descoberta em 1897):

De qualquer forma temos certamente de falar em tal coisa como a força agindo sobre uma carga, ou sobre um elétron, sobre a matéria carregada, qualquer que seja a denominação que você prefira. Agora, de acordo com os princípios gerais da teoria de Maxwell, vamos considerar esta força como causada pelo estado do éter e mesmo, como este meio penetra os elétrons, como exercida pelo éter sobre todos os pontos internos destas partículas onde há uma carga. Se dividimos todo o elétron em elementos de volume, haverá uma força agindo sobre cada elemento e determinada pelo estado do éter existindo dentro dele. Suporemos que esta força é proporcional à carga do elemento, de tal forma que só queremos saber a força atuando por unidade de carga. É a isto que agora podemos chamar apropriadamente de *força elétrica*. Representá-la-emos por f. A fórmula pela qual ela é determinada e que é uma que ainda temos de adicionar a (17)-(20) [equações de Maxwell], é dada por:

$$\boldsymbol{f} = \boldsymbol{d} + \frac{1}{c}[\boldsymbol{v} \cdot \boldsymbol{b}] \qquad \left[\vec{f} = \vec{d} + \frac{\vec{v} \times \vec{b}}{c}\right] \qquad (23).$$

Como as nossas equações anteriores, ela é obtida generalizando os resultados de experiências eletromagnéticas. O primeiro termo representa a força agindo sobre um elétron em um campo eletrostático; na verdade, neste caso, a força por unidade de carga tem de ser completamente determinada pelo deslocamento elétrico. Por outro lado, a parte da força representada pelo segundo termo pode ser derivada a partir da lei de acordo com a qual um elemento de um fio carregando uma corrente sofre a ação de um campo magnético com uma força perpendicular a ele mesmo e as linhas de força, ação esta que nas nossas unidades pode ser representada na notação vetorial por

$$\boldsymbol{F} = \frac{s}{c}[\boldsymbol{i} \cdot \boldsymbol{b}] \qquad \left[\vec{F} = \frac{i\, d\vec{\ell} \times \vec{b}}{c}\right]$$

onde i é a intensidade da corrente considerada como um vetor e s o comprimento do elemento. De acordo com a teoria dos elétrons, F é composta de todas as forças com as quais o campo b age sobre os elétrons separados movendo-se no fio. Agora, simplificando a questão ao assumir apenas um tipo de elétrons em movimento com cargas iguais e e uma velocidade comum v, podemos escrever $si = Ne\, v$, se N é o número total destas partículas no elemento s. Portanto

$$\boldsymbol{F} = \frac{Ne}{c}[\boldsymbol{v} \cdot \boldsymbol{b}] \qquad \left[\vec{F} = \frac{Ne}{c}\vec{v} \times \vec{b}\right]$$

de tal forma que, dividindo por *Ne*, obtemos a força por unidade de carga

$$\boldsymbol{F} = \frac{1}{c}[\boldsymbol{v} \cdot \boldsymbol{b}] \qquad \left[\vec{F} = \frac{\vec{v} \times \vec{b}}{c}\right]$$

Como uma aplicação interessante e simples deste resultado, posso mencionar a explicação que ele permite da corrente induzida que é produzida num fio movendo-se através das linhas de força magnéticas. Os dois tipos de elétrons, tendo a velocidade v do fio, são neste caso forçados em direções opostas, que são determinadas por nossa fórmula.

9. Após ter sido levados, num caso particular, à existência da força d e num outro à da força $1/c$ $[v \cdot h]$, combinamos agora as duas na forma mostrada na equação (23), indo além do resultado direto das experiências pela suposição de que em geral as duas forças existem simultaneamente. Se, por exemplo, um elétron estivesse se movendo num espaço atravessado por ondas hertzianas, poderíamos calcular a ação deste campo sobre ele utilizando os valores de d e h, tal como eles são no ponto do campo ocupado pela partícula. [lorentz 15], pp. 14-15.

Concordamos com O'Rahilly quando ele disse que esta prova da fórmula da força por Lorentz é extremamente insatisfatória e também quando afirmou ([orahilly 65], p. 561):

Há duas objeções esmagadoras em relação a esta suposta generalização. (1) Os dois "casos particulares" aqui "combinados" são bem incompatíveis. Num caso temos cargas em repouso, no outro as cargas estão em movimento; elas não podem estar ao mesmo tempo estacionárias e em movimento. (2) Experiências com um "fio carregando uma corrente" dizem respeito a correntes *neutras*, contudo a derivação contradiz esta neutralidade.

Como podemos ver da citação acima ("... força como causada pelo estado do éter e mesmo, como este meio penetra os elétrons, como exercida pelo éter ..."), para Lorentz esta era originalmente a velocidade da carga em relação ao éter e não, por exemplo, em relação ao observador ou sistema de referência. Para ele o éter estava em repouso em relação ao referencial das estrelas fixas [pais 82], p. 111. Uma prova conclusiva para esta interpretação pode ser encontrada em um outro trabalho de Lorentz, *Lectures on Theoretical Physics*, [lorentz 31], Volume 3, p. 306 e [orahilly 65], Volume 2, p. 566. Neste trabalho Lorentz afirma que se um fio por onde circula uma corrente elétrica (e assim gerando um campo magnético) e uma carga externa estão em repouso entre si e em relação ao éter, então não haverá força magnética sobre a carga. Por outro lado, se o fio e a carga estão em repouso entre si mas têm ambos uma velocidade comum $\vec{v}$ de translação em relação ao éter (enquanto que o observador e o laboratório também transladam com esta mesma velocidade $\vec{v}$ em relação ao éter, já que ele dá como exemplo desta velocidade aquela da Terra em relação ao éter), então ele afirma que vai haver uma força magnética sobre a carga teste. Neste exemplo não há movimento relativo entre a carga teste e vários corpos ou entidades tais como: o fio com corrente, o observador, o detector de campo magnético no laboratório, ou a Terra. Só há velocidade da carga teste em relação ao éter. Logo, se há uma força magnética neste caso de acordo com Lorentz, só pode ser porque ele interpretava $\vec{v}$ em $q\vec{v} \cdot \vec{B}$ como sendo a velocidade da carga teste em relação ao éter.

Einstein modificou tudo isto em seu artigo de 1905 sobre a teoria da relatividade restrita. Neste artigo Einstein introduziu que a velocidade $\vec{v}$ na força de Lorentz deve ser interpretada como a velocidade da carga teste em relação ao observador (e não em relação ao dielétrico como defendido por Thomson e Heaviside, nem também em relação ao éter como defendido por Lorentz). Após obter as transformações de Lorentz para as coordenadas e para o tempo (transformações que relacionam as grandezas num sistema inercial com um outro sistema inercial que translada em relação ao primeiro com uma velocidade constante), Einstein obtém estas transformações para os campos elétrico e magnético. Então ele as aplica na força de Lorentz $\vec{F} = q\vec{E} + q\vec{v} \cdot \vec{B}$ e começa a interpretar a velocidade $\vec{v}$ como sendo a velocidade da carga q em relação ao observador ou sistema de referência inercial. Por exemplo, na página 71 de [einstein 78a] ele apresenta a diferença entre o velho paradigma do eletromagnetismo e o novo baseado em sua teoria da relatividade (entre colchetes vão nossas palavras):

Para interpretarmos estas equações [transformações de Lorentz para os campos elétricos e magnéticos], consideremos uma carga elétrica pontual que apresente o valor "um" quando é medida no sistema em repouso [sistema de coordenadas em que são válidas as equações da mecânica de Newton, isto é, sistema inercial onde não se precisa introduzir as forças fictícias de Coriolis e centrífuga], isto é, uma carga que, estando imóvel no sistema em repouso, exerce a força de 1 dina sobre uma carga igual, colocada à distância de 1 cm dela. De acordo com o princípio da relatividade, a mesma carga elétrica apresentará também o valor "um" se for medida no sistema em movimento. Estando a carga em repouso em relação ao sistema imóvel, o vetor (X, Y, Z) [este é o vetor da força elétrica, ou seja, o vetor campo elétrico $\vec{E} = \left(E_x,\ E_y,\ E_z\right)$] é, por definição, igual à força que atua sobre ela; mas, estando a carga em repouso relativamente ao sistema que se move (pelo menos no instante que se está considerando), então a força que atua sobre ela será igual, se for medida neste sistema móvel, ao vetor (X', Y', Z'). Conseqüentemente, as primeiras três equações acima [para as transformações dos campos entre dois sistemas inerciais diferentes que transladam em relação um ao outro] podem ser traduzidas em enunciados das duas seguintes maneiras:

1. Se um pólo elétrico unidade, puntiforme, se move num campo eletromagnético, exercer-se-á sobre ele, além da força elétrica $\left[q\vec{E}\right]$, uma força "eletromotriz" $\left[q\vec{v} \times \vec{B}\right]$ que, desprezando termos em que entram como fatores potências de v/c de grau igual ou superior a 2, é igual ao quociente pela velocidade da luz do produto vetorial formado com a velocidade do pólo unidade com a força magnética $\left[\vec{B}\right]$. (Antigo enunciado.)

2. Se um pólo elétrico puntiforme unidade se move num campo eletromagnético, exerce-se sobre ele uma força idêntica à força elétrica que se obtém no ponto ocupado pelo pólo, quando se submete o campo a uma transformação de coordenadas, a fim de o referir a um sistema de eixos que esteja imóvel em relação ao referido pólo. (Novo enunciado.)

Isto é, de acordo com Einstein no enunciado antigo temos $\vec{F} = q\vec{E} + q\vec{v} \times \vec{B}$, enquanto que no novo enunciado temos $\vec{F} = q\vec{E}'$, já que agora $\vec{v}' = 0$ (a velocidade da carga em relação ao novo sistema de referência em repouso em relação a ela é obviamente nula, tal que $q\vec{v}' \times \vec{B}' = 0$). Aqui Einstein está introduzindo forças que dependem do sistema de referência (no caso a componente magnética $q\vec{v} \times \vec{B}$). Isto é, forças cujo valor depende do estado de movimento entre o corpo teste e o observador. Esta introdução de forças físicas que passam a depender do estado de movimento do observador criou muitos problemas para a interpretação de experiências simples. Não achamos necessário fazer isto, como mostramos neste livro. No caso da eletrodinâmica de Weber, as forças eletromagnéticas em qualquer carga só dependem de sua posição em relação às outras cargas, e das velocidades e acelerações relativas entre elas (ou seja, entre a carga teste e as cargas com que está interagindo). A posição ou velocidade do observador não interessam na eletrodinâmica de Weber.

Experiência de Michelson-Morley

Um outro problema gerado pela relatividade restrita de Einstein surge na interpretação da experiência de Michelson-Morley. Nesta experiência famosa procurou-se por figuras de interferência devidas a dois feixes de luz que deveriam depender do movimento da Terra em relação ao éter. Este efeito não foi encontrado com a ordem de grandeza prevista (experiência com precisão de primeira ordem em v/c realizada por Michelson em 1881 e de segunda ordem realizada por Michelson e Morley em 1887, sendo v a suposta velocidade da Terra em relação ao éter, tomada na prática como a velocidade da Terra em relação ao referencial das estrelas fixas).

A interpretação mais direta desta experiência é que não existe nenhum éter e que apenas os movimentos relativos entre a luz, os espelhos, as cargas destes espelhos e a Terra são importantes, não interessando o movimento absoluto (ou em relação ao éter) de nenhum deles. Neste sentido os resultados obtidos por Michelson e Morley concordam completamente com a eletrodinâmica de Weber, já que nesta teoria o éter não desempenha nenhum papel.

Mas Lorentz e Fitzgerald acreditavam no éter. Para explicar o resultado negativo da experiência com a idéia de um éter que estava em repouso em relação ao céu de estrelas fixas e que não era arrastado pelo movimento da Terra, tiveram de introduzir a idéia de uma contração de comprimento dos corpos rígidos ao transladarem em relação ao éter.

Isto é estranho e *ad hoc* mas funciona. Vejamos algumas palavras de Lorentz em seu texto de 1895, parte do qual já está traduzido para o português, [lorentz 78], nossa ênfase:

A Experiência Interferencial de Michelson

1. Foi, pela primeira vez, notado por Maxwell - deduz-se com um cálculo muito simples - que o intervalo de tempo que é necessário a um raio de luz para efetuar um percurso de ida e volta entre dois pontos *A* e *B* muda de valor logo que esses pontos entrem solidariamente *em movimento, sem arrastarem consigo o éter*. É certo que essa variação de valor é uma quantidade de segunda ordem de grandeza, mas é, no entanto, suficientemente grande para poder ser posta em evidência por um método interferencial sensível.

Tal método foi posto em prática por Michelson no ano de 1881[1]. O seu aparelho era uma espécie de interferômetro com dois braços horizontais, *P* e *Q*, de igual comprimento, perpendiculares entre si. Dos dois feixes interferentes, um fazia o percurso de ida e volta ao longo do braço *P* e o outro ao longo do braço *Q*. Todo o instrumento, incluindo a fonte luminosa e o dispositivo de observação, podia rodar em volta de um eixo vertical, tomando-se especialmente em consideração as duas posições em que um dos braços, ou *P* ou *Q*, tinha, tão aproximadamente quanto possível, a mesma direção que o movimento terrestre. Esperava-se então, com fundamento na teoria de Fresnel, que as franjas de interferência sofressem um deslocamento quando, por rotação, o aparelho passasse de uma daquelas "posições principais" para a outra.

De tal desvio de franjas, que a alteração no tempo de propagação deveria determinar, e a que por brevidade chamaremos desvio de Maxwell, não se encontrou porém o menor vestígio, e por isso entendeu Michelson poder concluir que o éter não permanece em repouso durante o movimento da Terra, conclusão esta cuja justeza em breve viria a ser contestada. Com efeito, Michelson tinha erroneamente avaliado no dobro do seu verdadeiro valor a alteração das diferenças de fase, que, segundo a teoria, seria de esperar; se este erro for corrigido, chega-se a desvios que podiam ainda ficar encobertos pelos erros de observação.

Michelson retomou mais tarde esta investigação, em colaboração com Morley[2], tendo então melhorado a sensibilidade, obrigando para isso cada feixe lumi-

1. Michelson, American Journal of Science (3) 22 (1881), p. 120.
2. Michelson e Morley, American Journal of Science (3) 34 (1887), p. 333; Phil. Mag. (5) 24 (1887), p. 449.

noso a refletir-se diversas vezes entre vários espelhos. Este artifício equivalia a um alongamento considerável dos braços do primitivo aparelho. Os espelhos tinham pesados suportes de pedra a flutuar em mercúrio para poder rodar facilmente.

Cada feixe de luz tinha agora que efetuar um percurso total de 22 metros, e era de esperar, com a teoria de Fresnel, um desvio de 0,4 na distância entre as franjas de interferência, quando se passasse de uma posição principal para a outra. No entanto, na rotação, só se verificaram desvios não superiores a 0,02 da distância entre as franjas, os quais bem podiam resultar de erros de observação.

Dever-se-á, com base neste resultado, aceitar que o éter toma parte no movimento da Terra e, deste modo, que a teoria da aberração de Stokes é a teoria correta? As dificuldades que esta teoria encontra na explicação da aberração parecem-me demasiado grandes para poder aceitar esta opinião e, pelo contrário, levaram-me a procurar a maneira de remover a contradição entre a teoria de Fresnel e o resultado de Michelson.

Consegui isso com uma hipótese que tinha apresentado algum tempo antes[3] e que, como depois vim a saber, também ocorrera a Fitzgerald[4]. No parágrafo seguinte mostrarei em que consiste tal hipótese.

(...)

Daqui resulta que estas mudanças de fase poderão ser compensadas fazendo nas dimensões dos braços modificações que se oponham a elas. Se admitirmos que o braço colocado segundo a direção do movimento da Terra é mais curto do que o outro, sendo

$$L \cdot \frac{p^2}{2c^2}$$

a diferença de comprimentos, e, ao mesmo tempo, que a translação tem a influência prevista pela teoria de Fresnel, então o resultado da experiência de Michelson fica completamente explicado. Ter-se-ia assim que postular que *o movimento de um corpo sólido através do éter em repouso*, por exemplo o de uma vara de latão, ou o do suporte de pedra utilizado na segunda experiência, tem sobre as suas dimensões uma influência que varia com a orientação do corpo em relação à direção do movimento. (...)

3. Lorentz, Zittingsverslagen der Akad. v. Wet, te Amsterdam, 1892-93, pág. 74.
4. Como Fitzgerald muito amavelmente me comunicou, ele tinha já, desde há muito tempo, utilizado nas suas lições essa hipótese. Na literatura só a encontrei mencionada em Lodge, no artigo "Aberration problems" (London Phil. Trans. 184 A [1893], p. 727).

(...) Invertendo um raciocínio que atrás se fez, poder-se-ia dizer agora que o desvio proveniente das variações de comprimento é compensado pelo desvio de Maxwell.

Veio então Einstein e afirmou que "a introdução de um 'éter luminífero' revelar-se-á supérflua". Se este é o caso, então ele deveria ter descartado a idéia de uma contração do comprimento das réguas e dos corpos rígidos. Afinal de contas esta contração só havia sido introduzida para reconciliar o resultado negativo da experiência de Michelson e Morley com o conceito de éter. Se não há éter então não se esperaria nenhuma mudança nas franjas de interferência, como de fato não se encontrou. Mas neste caso não faz sentido introduzir ou manter a contração de comprimentos, caso contrário se esperaria novamente uma mudança nas franjas de interferência, só que agora no sentido oposto. Se o éter é supérfluo então obrigatoriamente a contração de comprimentos fica supérflua. Isto foi claramente apontado por O'Rahilly em seu excelente livro, *Electromagnetic Theory - A Critical Examination of Fundamentals*, vol. 1, Capítulo VIII, Seção 1, p. 259: [orahilly 65]. Só que Einstein manteve a contração de comprimentos apesar de ter descartado o éter! Isto só poderia ter gerado mais paradoxos e confusões, como de fato aconteceu.

Analisamos em seguida a teoria da relatividade geral de Einstein.

Teoria da Relatividade Geral

A teoria da relatividade geral de Einstein foi apresentada de forma completa em seu trabalho de 1916 intitulado "Os fundamentos da teoria da relatividade geral", que já está traduzido para o português [einstein 78c], de onde tiramos as citações. Apresentamos aqui diversos problemas com esta teoria, como já havíamos feito com a relatividade restrita.

Grandezas Relacionais

Einstein inicia seu artigo com o seguinte parágrafo:

A teoria da relatividade especial assenta no seguinte postulado, ao qual satisfaz também a mecânica de Galileu-Newton: se um sistema de coordenadas K for de tal maneira escolhido que as leis da física sejam nele válidas na sua forma mais simples, então as *mesmas* leis serão igualmente válidas em relação a qualquer outro sistema de coordenadas K' que em relação a K esteja animado de um movimento de translação uniforme. Chamaremos a este postulado o "Princípio da Relatividade Especial". Com a palavra "especial" deve entender-se que o princípio se restringe ao caso em que K' tem um *movimento de translação uniforme* em relação a K, não devendo portanto a equivalência de K e K' estender-se ao caso em que haja movimento *não uniforme* de K' em relação a K.

Na teoria da relatividade geral Einstein tentou generalizar sua teoria da relatividade especial de tal forma que "as leis da física devem ter uma estrutura tal que a sua validade permaneça em sistemas de referência animados de qualquer movimento" (suas palavras na pág. 144 de [einstein 78c]) e não apenas para os referenciais inerciais. Teve Einstein sucesso em sua tentativa? Achamos que não. Talvez um dos motivos tenha sido o caminho escolhido por ele para implementar suas idéias.

De acordo com Barbour [barbour 89], p. 6:

O próprio Einstein comentou[5] que a maneira mais simples de realizar o objetivo da teoria da relatividade seria formular as leis do movimento diretamente e desde o início apenas em termos das distâncias relativas e velocidades relativas - nada mais devendo aparecer na teoria. Ele apontou a impraticabilidade desta rota como o motivo para *não* escolhê-la. De acordo com ele a história da ciência tinha demonstrado a impossibilidade prática de dispensar com os sistemas de coordenadas.

Aqui vão as palavras relevantes de Einstein neste trecho citado por Barbour:

Queremos distinguir mais claramente entre as quantidades que pertencem a um sistema físico como tal (que são independentes da escolha do sistema de coordenadas) e as quantidades que dependem do sistema de coordenadas. Nossa reação inicial seria requerer que a física devesse introduzir em suas leis apenas grandezas do primeiro tipo. Contudo, se encontrou que este enfoque não pode ser realizado na prática, como já mostrou claramente o desenvolvimento da mecânica clássica.

5. A. Einstein, Naturwissenschaften, 6-er Jahrgang, n. 48, 697 (1918) (passagem na p. 699).

Poderíamos, por exemplo, pensar - como já foi feito de fato - em introduzir nas leis da mecânica clássica apenas as distâncias dos pontos materiais uns aos outros ao invés das coordenadas; a priori poderíamos esperar que desta forma o objetivo da teoria da relatividade seria obtido de maneira mais prontamente. Contudo, o desenvolvimento científico não confirmou esta conjectura. Ele não pode dispensar os sistemas de coordenadas e, portanto, tem de usar coordenadas de quantidades que não podem ser consideradas como o resultado de medidas definíveis.

Como veremos neste livro, é possível seguir esta rota com sucesso utilizando uma lei de Weber para a gravitação. Einstein errou ao afirmar que este caminho é impraticável. Weber tinha introduzido sua força relacional em 1846, setenta anos antes desta afirmação de Einstein. Neste livro mostramos que com uma lei de Weber aplicada para a gravitação (como sugerido por diversas pessoas desde a década de 1870) implementamos quantitativamente todas as idéias de Mach. Ou seja, pode-se formular a mecânica apenas com grandezas relativas, sem grandezas que dependam apenas do sistema de coordenadas (desvinculadas da matéria). E tudo isto sem utilizar os ingredientes das teorias de Einstein tais como: forças que dependem do estado de movimento do observador, velocidade absoluta da luz constante, qualquer que seja o estado de movimento do detector, invariança da forma das equações etc.

Invariança da Forma das Equações

Em outra parte de seu artigo Einstein explicou o que ele entendia pela afirmação de que "as leis da física devem ter uma estrutura tal que a sua validade permaneça em sistemas de referência animados de qualquer movimento". O significado desta afirmativa foi clarificado quando ele disse (ver a página 149 de [einstein 78c]): "As leis gerais da natureza devem ser representadas por equações que tenham validade em todos os sistemas de coordenadas, isto é, que sejam covariantes em relação a toda e qualquer substituição (covariança geral)". O termo covariante havia sido introduzido por Minkowski em 1907-1908. Ele se referia à *identidade ou igualdade na forma das equações* em dois sistemas inerciais diferentes como "covarariança" [miller 81], pp. 14, 240-241 e 288. Isto é, por leis da mesma *natureza* ou da mesma *estrutura* Einstein queria dizer leis da mesma *forma*. Mas sabe-se que isto não é verdadeiro em sistemas de referência não inerciais. Por exemplo, num sistema de referência inercial O temos a segunda lei do movimento de Newton na forma $\vec{F} = m_i \vec{a}$. Já num sistema de referência não inercial O' que gira em relação a O com uma velocidade angular constante $\vec{\omega}$ esta lei fica na forma

$$\vec{F} = m_i(\vec{a}' + \vec{\omega} \times (\vec{\omega} \times \vec{r}\,') + 2\vec{\omega} \times \vec{v}\,')$$

devido às forças fictícias. E isto funciona perfeitamente bem na mecânica clássica. Isto significa que a afirmação de Einstein de que as leis da física devem ter a mesma forma em todos os referenciais só vai gerar confusões e ambigüidades. Teremos de modificar muitos conceitos de espaço, de tempo, de medida etc. para que esta teoria estranha possa prever corretamente os fatos em sistemas de referência acelerados. Teria sido muito mais simples e coerente com o conhecimento anterior das leis da física impor ou requerer que toda força entre um par de corpos tenha sempre o mesmo valor numérico, embora não necessariamente a mesma forma, em todos os sistemas de referência (mostraremos que esta condição é implementada na mecânica relacional). Até mesmo as forças inerciais de Newton têm esta propriedade. Por exemplo, o valor $m_i \vec{a}$ no sistema inercial O acima é exatamente igual em módulo, direção e sentido ao valor

$$m_i\left(\vec{a}' + \vec{\omega} \times \left(\vec{\omega} \times \vec{r}\,'\right) + 2\vec{\omega} \times \vec{v}\,'\right)$$

no sistema não inercial O', embora a forma seja completamente diferente nos dois casos.

Implementação das Idéias de Mach

Há muitos outros problemas com a teoria da relatividade geral de Einstein. Em particular, embora tivesse tentado implementar com esta teoria o princípio de Mach, Einstein não conseguiu seu objetivo, como ele próprio admitiu. Num livro publicado originalmente em 1922, *O Significado da Relatividade*, também já traduzido para o português, Einstein apresentou três conseqüências que têm de ser obtidas em qualquer teoria que implemente o princípio de Mach ([einstein 58], p. 123):

Que é que poderá esperar-se do desenvolvimento do pensamento de Mach?

1.º A inércia de um corpo deve aumentar se se acumulam na sua vizinhança massas ponderáveis.

2.º Um corpo deve sofrer uma força aceleradora quando massas vizinhas são aceleradas; a força deve ser do mesmo sentido que a aceleração.

3.º Um corpo oco animado de um movimento de rotação deve produzir no seu interior um "campo de Coriolis" que faz com que corpos em movimento sejam desviados no sentido da rotação; deve ainda produzir um campo de forças centrífugas radial.

Vamos mostrar que, segundo a nossa teoria, estes três efeitos previstos por Mach devem realmente manifestar-se, se bem que numa medida de tal maneira mínima que não se põe a questão de os demonstrar por experiências de laboratório.

Uma quarta conseqüência que se deve esperar de qualquer teoria incorporando o princípio de Mach de acordo com Einstein é: "4.º Um corpo num universo vazio não deve ter inércia", [reinhardt 73]. Relacionado com isto está a afirmativa de que: "4'.º *Toda* a inércia de qualquer corpo tem de vir de sua interação com outras massas no universo". Uma afirmação de Einstein corroborando que ele dava esta interpretação para a origem da inércia se encontra em seu artigo de 1917, também já traduzido para o português, intitulado "Considerações cosmológicas sobre a teoria da relatividade geral", onde afirma ([einstein 78d], trecho na p. 229): "Numa teoria da relatividade conseqüente não pode existir inércia *em relação ao 'espaço'*, mas somente inércia das massas *em relação umas às outras*. Portanto, se eu colocar uma massa a uma distância espacial suficientemente grande de todas as outras massas do Universo, a sua inércia deverá desvanecer-se".

Embora Einstein pensasse inicialmente que estas conseqüências podiam ser obtidas de sua teoria da relatividade geral, ele logo percebeu que este não era o caso. Para uma análise detalhada e para as referências originais, ver: [sciama 53], [reinhardt 73], [raine 81] e [pais 82], pp. 282-8.

A primeira conseqüência não aparece na relatividade geral. Isto é, não há efeitos observáveis no laboratório devidos a uma aglomeração simetricamente esférica de matéria em repouso ao redor dele. Isto significa que a inércia de um corpo não é aumentada na relatividade geral com a aglomeração de massas ao redor do corpo. Einstein chegou inicialmente na conclusão errada de que a relatividade geral previa este efeito baseado numa interpretação de um cálculo feito num sistema de coordenadas particular, como foi apontado por Brans em 1962, [brans 62a], [brans 62b], [reinhardt 73] e [pfister 95].

A segunda conseqüência acontece na relatividade geral, mas sua interpretação não é única, [reinhardt 73].

A terceira conseqüência aparece na relatividade geral, como foi obtido por Thirring em 1918 e em 1921: [thirring 18], [lensethirring 18] e [thirring 21]. Estes três artigos já se encontram traduzidos para o inglês: [mashhoonhehltheiss 84]. Contudo, os termos obtidos na relatividade geral não são exatamente como deviam ser. Trabalhando na aproximação de campo fraco, Thirring mostrou que uma casca esférica de massa M, raio R, girando com uma velocidade angular constante $\vec{\omega}$ em relação a um certo referencial O exerce uma força $\vec{F}$ sobre uma partícula teste interna de massa m, localizada em $\vec{r}$ em relação ao centro da casca e movendo-se no referencial O com uma velocidade $\vec{v}$ e aceleração $\vec{a}$, dada por ([thirring 21] e [pfister 95]):

$$\vec{F} = \frac{4GM}{15Rc^2}\left[m\vec{\omega}\times(\vec{\omega}\times\vec{r}) + 10m\vec{v}\times\vec{\omega} + 2m(\vec{\omega}\cdot\vec{r})\vec{\omega}\right]$$

Podemos chamar esta expressão de força de Thirring.

Vemos que há um termo nesta equação proporcional à força centrífuga $m\vec{\omega}\times(\vec{\omega}\times\vec{r})$. Há também um termo proporcional à força de Coriolis $2m\vec{v}\times\vec{\omega}$. Só que o coeficiente de proporcionalidade não é o mesmo em ambos os casos, como se esperava. Isto é, o coeficiente de proporcionalidade na frente do termo centrífugo é $4GM/15Rc^2$, enquanto que na frente do termo de Coriolis temos $(4GM/15Rc^2)5$, isto é, 5 vezes maior do que o anterior. Com isto não se pode dizer que a relatividade geral conseguiu derivar simultaneamente as forças centrífuga e de Coriolis já que um deles vai estar com o coeficiente errado.

Na força fictícia newtoniana $\vec{F}_f$ estes termos têm coeficientes com o mesmo valor ([symon 82], Capítulo 7):

$$\vec{F}_f = -m\vec{\omega} \times (\vec{\omega} \times \vec{r}) - 2m\vec{\omega} \times \vec{v} - m\frac{d\vec{\omega}}{dt} \times \vec{r} - m\vec{a}_{o'o}$$

Além disto, na força de Thirring aparece um termo axial $(\vec{\omega} \cdot \vec{r})\vec{\omega}$ que não tem equivalente na mecânica newtoniana. Isto é, não há nenhuma "força fictícia" que se comporta como ele.

Isto mostra que a teoria da relatividade geral de Einstein não conseguiu derivar simultaneamente as forças centrífuga e de Coriolis, ao contrário do que Einstein almejava. Desenvolvimentos posteriores feitos por Lanczos, Bass, Pirani, Brill, Cohen e muitos outros também não tiveram sucesso neste sentido. Isto é, eles não conseguiram derivar, baseados na relatividade geral, estes dois termos simultaneamente com os coeficientes corretos como se sabe que eles existem em referenciais não inerciais da teoria newtoniana (ver as referências originais e discussões detalhadas em [reinhardt 73] e [pfister 95]). Isto mostra que não podemos derivar os resultados corretos da mecânica clássica em referenciais não inerciais a partir da teoria da relatividade geral de Einstein.

Colocando $\vec{\omega} = 0$ na força de Thirring mostra mais uma vez que a primeira conseqüência apontada acima por Einstein não ocorre na relatividade geral. Isto é, uma casca esférica estacionária e sem girar não exerce qualquer força sobre uma partícula teste interna, não interessando a posição, velocidade e aceleração da partícula em relação à casca. Isto significa que na relatividade geral a inércia de um corpo não é aumentada quando colocamos cascas esféricas materiais ao redor dele, ao contrário do que Einstein propunha.

A quarta conseqüência também não ocorre na relatividade geral. Einstein mostrou que suas equações de campo levam à conseqüência de que uma partícula teste num universo vazio tem propriedades inerciais, [sciama 53] e [reinhardt 73]. O conceito de massa inercial é tão intrínseco ao corpo e ao espaço na relatividade geral quanto o era na mecânica newtoniana. Einstein não teve sucesso em construir uma teoria onde toda a inércia de um corpo viria de suas interações gravitacionais com outros corpos no universo, tal que se os outros corpos do universo fossem aniquilados ou não existissem, então a inércia deste corpo também desapareceria. Mesmo sua introdução do termo cosmológico na relatividade geral não ajudou, já que Sitter encontrou em 1917 uma solução para suas equações de campo modificadas na ausência de matéria, [pais 82], p. 287. Einstein nunca pôde evitar o aparecimento da inércia em relação ao espaço nas suas teorias, embora fosse uma exigência do princípio de Mach que a inércia de qualquer corpo só deveria surgir em função dos outros corpos do universo, mas não em relação ao espaço vazio.

Isto mostra que mesmo na sua teoria da relatividade geral os conceitos de espaço absoluto ou de sistemas de referência inerciais preferenciais desvinculados da matéria distante ainda estão presentes, o mesmo ocorrendo com a inércia ou com as massas inerciais.

A Experiência do Balde de Newton

Como a teoria da relatividade geral de Einstein lida com a experiência do balde de Newton? Para analisar isto vamos nos concentrar em duas situações. Na primeira a água e o balde estão em repouso em relação à Terra e na segunda situação ambos estão girando juntos com uma velocidade angular ω_b em relação à Terra. Como $\omega_b >> \omega_e >> \omega_s >> \omega_g$, podemos considerar durante esta experiência a Terra como essencialmente sem rotação em relação ao referencial das estrelas fixas e também em relação ao referencial das galáxias distantes. Aqui $\omega_e \approx 7 \times 10^{-5}\, s^{-1}$ é a rotação diurna da Terra em relação às estrelas fixas, $\omega_s \approx 2 \times 10^{-7}\, s^{-1}$ é a rotação anual do sistema solar em relação às estrelas fixas e $\omega_g \approx 8 \times 10^{-16}\, s^{-1}$ é a rotação angular do sistema solar ao redor do centro de nossa galáxia em relação ao referencial das galáxias distantes (isto é, a rotação angular de nossa galáxia na posição do sistema solar) com um período de $2{,}5 \times 10^8$ anos.

Como já discutimos antes, a força exercida pelo balde sobre as moléculas de água é a mesma em ambas as situações, já que em ambos os casos o balde está em repouso em relação à água. Logo, na relatividade geral também não é o balde que causa a forma côncava da água. Na relatividade geral, a força exercida pela Terra sobre a água na primeira situação é essencialmente o resultado newtoniano do peso da água apontando verticalmente para baixo. E na segunda situação este resultado permanece praticamente o mesmo, já que $v_a << c$, onde v_a é a velocidade tangencial de qualquer molécula de água em relação à Terra, isto é, velocidade num plano perpendicular ao eixo de rotação do balde. Ou seja, como as velocidades envolvidas neste problema são desprezíveis quando comparadas com a velocidade da luz, as correções relativísticas (que em geral só começam a ser relevantes para velocidades próximas de c) não precisarão ser levadas em conta, pois não serão importantes. Isto significa que também na relatividade geral a rotação da água em relação à Terra não pode ser a responsável pela concavidade da água.

E o que podemos dizer sobre as estrelas fixas e galáxias distantes? Como vimos, Mach acreditava que a resposta do enigma estava na rotação da água em relação à matéria distante. Mas na relatividade geral não há efeitos observáveis num laboratório devido a aglomerações simetricamente esféricas de matéria em repouso ao redor dele. Isto é, as estrelas fixas e galáxias distantes essencialmente não exercem qualquer força resultante sobre qualquer molécula de água na primeira situação, já que elas estão distribuídas mais ou menos homogeneamente ao redor da Terra. E na segunda situação como vista da Terra a mesma coisa acontece, já que temos agora a água se movendo em relação aos corpos fixos distantes. Isto significa que as estrelas fixas e galáxias distantes não vão exercer qualquer força do tipo $-m\vec{a}$ sobre as moléculas da água. Isto significa que na relatividade geral a forma côncava da superfície da água na segunda situação também não é devida à rotação da água em relação às estrelas fixas e galáxias distantes. Ela só pode ser devida então à rotação da água em relação a alguma coisa imaterial, como o espaço absoluto de Newton ou como um sistema de referência inercial que é desvinculado (sem qualquer relação física) da matéria distante no universo. Daqui vemos mais uma vez que a relatividade geral manteve os conceitos newtonianos de espaço e movimento absolutos ou, se preferir, manteve o conceito de referenciais inerciais independentes da matéria distante.

Para enfatizar este ponto suponhamos que estamos em um sistema inercial de referência analisando a rotação conjunta da água com o balde (segunda situação descrita acima). Na prática sabemos que nos sistemas inerciais o conjunto de galáxias distantes está essencialmente sem aceleração de translação ou de rotação. Este fato é uma simples coincidência tanto na mecânica newtoniana quanto na relatividade geral, pois não há nenhuma relação ou conexão física entre estas duas coisas (referenciais inerciais e galáxias distantes) nestas duas teorias. Para simplificar ainda mais a análise e deixar claro o que queremos dizer, vamos supor que estamos num referencial inercial particular O, no qual o conjunto das galáxias distantes está em repouso, sem rotação, em relação a este referencial. Neste referencial o balde e a água estão girando juntos e a superfície da água é côncava. Como na relatividade geral não há efeitos observáveis devidos a distribuições esfericamente simétricas de matéria em repouso ao redor do laboratório, podemos dobrar o número e a quantidade de matéria das galáxias ao redor do balde sem afetar a concavidade da água. Ou então, podemos fazer com que todas as galáxias distantes fossem aniquiladas ou desaparecessem sem causar a menor diferença na forma da superfície da água, pelo menos de acordo com a relatividade geral. Isto está completamente em desacordo com as idéias de Mach, já que de acordo com ele a concavidade da água era devido à sua rotação em relação à matéria distante. Isto significa que de acordo com as idéias de Mach se a matéria distante desaparecesse, então a concavidade da água deveria desaparecer conjuntamente. Ou, se dobramos a quantidade de matéria distante, a concavidade da água deveria dobrar, supondo a mesma rotação relativa de antes. E nada disto acontece na teoria da relatividade geral de Einstein.

Mas a situação fica realmente ruim ao ser analisada no sistema de referência O' que gira junto com o balde e a água na segunda situação. Temos então a água e o balde em repouso em relação a este novo referencial, apesar da concavidade da superfície da água. Na mecânica newtoniana o termo $m_i\vec{a}$ descrevendo o movimento da água e responsável pela sua concavidade no referencial inercial O anterior torna-se nulo neste referencial O', já que a água está agora em repouso. Isto é, como $\vec{a}' = 0$ obtemos $m_i\vec{a}' = 0$. Mas no referencial O' aparece, de acordo com a mecânica newtoniana, uma força centrífuga $m_i \vec{\omega} \times (\vec{\omega} \times \vec{r}\,')$ agindo sobre a água, que tem exatamente o mesmo valor que $m_i\vec{a}$ tinha no referencial anterior. Podemos também dizer que o termo $m_i\vec{a}$ foi transformado na força centrífuga. E esta força centrífuga tem então exatamente o valor correto para deformar a superfície da água o mesmo tanto que no referencial O anterior. Isto significa que a explicação quantitativa da experiência do balde é possível na mecânica newtoniana não apenas no referencial inercial O (utilizando $m_i\vec{a}$), mas também no referencial girante O' utilizando a força centrífuga. Já na teoria da relatividade geral de Einstein acontece algo muito estranho. Embora as estrelas fixas e galáxias distantes não exerçam qualquer força resultante sobre a água no referencial O no qual elas são vistas em repouso, o mesmo não acontece no referencial O' do balde no qual as estrelas e galáxias são vistas girando com uma velocidade angular $\vec{\omega}_{so'}$ dada por: $\vec{\omega}_{so'} = -\vec{\omega}_{bo'}$, onde $\vec{\omega}_{bo}$ é a rotação angular do balde e da água em relação a O. Agora, devido à força de Thirring, vai aparecer uma força gravitacional real exercida pela matéria girante distante sobre a água, força esta que não existia no referencial O. O problema é que esta nova força não é exatamente igual à força centrífuga fictícia newtoniana. Aparecem novos termos que não têm análogos na teoria newtoniana, ver a força de Thirring.

Vimos anteriormente que de acordo com a relatividade geral, se estamos num referencial inercial O, a concavidade da água será independente da quantidade de matéria distante ao redor do balde. Mas agora estamos vendo que se estamos no referencial O' girando com o balde e com a água, tal que o conjunto das galáxias distantes esteja rodando na direção oposta ao giro do balde no referencial O, então, de acordo com a relatividade geral, a matéria distante vai exercer uma força gravitacional real sobre a água, dada pela expressão de Thirring! Ou seja, neste referencial elas passam a influenciar o movimento da água e a forma de sua superfície! Se dobramos a quantidade e massa das galáxias, a concavidade da água vai ser alterada concomitantemente!

Esta conclusão a que se chega com a relatividade geral é altamente indesejável, para dizer o mínimo. Afinal de contas, a situação física é sempre a mesma, apenas vista em referenciais diferentes. Logo, não faz sentido que em um referencial as galáxias não exerçam qualquer influência sobre a água, enquanto que em outro referencial elas passem a ter influência real e em princípio com possíveis conseqüências físicas. Ou seja, no referencial O dobrando ou sumindo com as galáxias nada alteraria a concavidade da água, enquanto que em O', ao analisarmos a mesma experiência de um referencial diferente, isto passa a acontecer, tal que se dobrarmos a quantidade de galáxias a água pode entornar do balde...

Na mecânica newtoniana a situação era muito melhor e mais coerente. Isto é, não importando se o conjunto de galáxias distantes (ou casca esférica com matéria) está em repouso ou girando, este conjunto ou esta casca nunca exercia qualquer força resultante sobre a água. Podíamos explicar a concavidade da água no referencial inercial O utilizando $m_i\vec{a}$ e também no referencial girante O' utilizando a força centrífuga $m_i\vec{\omega} \times (\vec{\omega} \times \vec{r}\,')$ [isto é, $m_i\vec{a}$ do referencial O era transformado em $m_i\vec{\omega} \times (\vec{\omega} \times \vec{r}\,')$ do referencial O']. Mas tanto a força centrífuga quanto $m_i\vec{a}$ não tinham qualquer relação com a matéria distante. Já na relatividade geral passamos a ter uma força gravitacional que depende do sistema de referência. Isto é, a força gravitacional entre corpos materiais (como entre a água e as galáxias distantes aqui) passa a depender do estado de movimento do observador. Quando as galáxias distantes estão em repouso em relação a O e a água está parada ou girando em relação a elas, elas não influenciam a concavidade da superfície da água, tal que mesmo quando elas desaparecem ou dobram em quantidade a superfície da água continua a mesma. Mas quando vemos a mesma situação física no referencial O' girando em relação a O, tal que o balde e a água sejam vistos em repouso em relação a O', então de acordo com a força de Thirring vai haver uma influência gravitacional real das galáxias distantes sobre a água. Isto significa que neste referencial O' o grau ou a quantidade da concavidade (isto é, se a água vai ou não entornar do balde) passa a ser uma função do número e da massa das galáxias distantes! Teorias como esta são certamente indesejáveis.

A mesma coisa vai acontecer na experiência dos dois globos de Newton, de acordo com a teoria da relatividade geral de Einstein. Isto é, no referencial das galáxias distantes a tensão na corda é independente do número e massa das galáxias, enquanto que no referencial que gira com os globos a tensão na corda passa a ser uma função da quantidade de galáxias distantes, devido à força de Thirring.

Esta discussão simples mostra que a teoria da relatividade geral, contrariamente à afirmação da maioria dos livros-texto, não se reduz à teoria newtoniana no limite de baixas velocidades. Isto é, no referencial que gira com o balde há uma força sobre a água devido ao universo que gira, de acordo com a relatividade geral, enquanto que de acordo com a teoria newtoniana não há força resultante sobre a água devido ao universo girando. Poderia se pensar que este efeito é desprezível, mas este não é o caso. Quando integramos a força de Thirring sobre todo o universo, obtemos uma expressão da mesma ordem de grandeza que as forças de Coriolis ou centrífuga da mecânica clássica. Mas a forma e os valores numéricos da força de Thirring são diferentes das forças "fictícias" centrífuga e de

Coriolis. Mesmo se não pensarmos no universo como um todo, pode-se ver que a teoria da relatividade geral não se reduz a teoria newtoniana no limite de baixas velocidades. Suponhamos uma casca esférica de raio 1 metro girando com uma velocidade angular de 1 radiano por segundo em relação à Terra. Obviamente, todas as velocidades tangenciais são baixas aqui. Um ponto material dentro desta casca girando não vai sofrer nenhuma força de acordo com Newton. Já a expressão de Thirring prevê uma força que é função da massa da casca. Mesmo mantendo o raio da casca e sua velocidade angular, pode-se aumentar este efeito aumentando a massa da casca. E nada disto ocorre na mecânica newtoniana. Isto mostra que as duas teorias são incompatíveis mesmo no limite de baixas velocidades.

A discussão desta Seção mostra que a relatividade geral não consegue lidar com a experiência do balde de Newton em todos os sistemas de referência. A mecânica newtoniana, por outro lado, pode explicar esta experiência em todos os referenciais, utilizando $m_i\vec{a}$ nos inerciais ou as forças fictícias como a centrífuga nos não inerciais. E todas estas forças, tanto $m_i\vec{a}$ quanto as fictícias, não estão relacionadas com a matéria distante, o que mostra a coerência da teoria newtoniana. O mesmo já não ocorre com a teoria de Einstein.

Comentários Gerais

Concluindo, podemos dizer que há muitos problemas com as teorias da relatividade de Einstein (tanto com a restrita quanto com a geral). Enfatizamos alguns aqui.

1. Ela é baseada na formulação de Lorentz da eletrodinâmica de Maxwell, formulação esta que apresenta diversas assimetrias, como as apontadas por Einstein e muitos outros. Estas assimetrias de explicação não aparecem nos fenômenos observados de indução e de outros tipos. Há outras teorias do eletromagnetismo que evitam todas estas assimetrias de forma natural, ou seja, onde elas não aparecem. Uma delas é a eletrodinâmica de Weber, [assis 92a], [assis 94] e [assis 95a]. Este é um ponto de partida para se explicar a inércia muito melhor do que a força de Lorentz.

2. A teoria da relatividade restrita de Einstein mantém como na mecânica clássica o conceito de espaço absoluto e o de referenciais inerciais desvinculados da matéria distante. E, além disso, introduz uma outra grandeza absoluta na física, a velocidade da luz no vácuo. Não concordamos que a velocidade da luz no vácuo seja constante independentemente do estado de movimento do observador ou do detector. Nada na física leva a esta conclusão. As velocidades de todas as grandezas conhecidas por nós são constantes ou em relação à fonte (como no caso de projéteis) ou constantes em relação ao meio (como no caso da velocidade do som, que não depende da velocidade da fonte). Mas todas elas mudam dependendo do movimento do observador ou do detector. Afirmar o oposto, como fez Einstein, só pode gerar a necessidade de introduzir conceitos estranhos e desnecessários como os de dilatação do tempo, contração de comprimento, tempo próprio etc. Para evitar confusão com as teorias de Einstein, estamos utilizando o nome de "Mecânica Relacional" ao trabalho desenvolvido aqui. Nosso trabalho é realmente baseado apenas em conceitos relativos, sem usar o espaço absoluto ou a velocidade absoluta da luz no vácuo.

3. Einstein passa a gerar confusões em toda a física quando começa a interpretar a velocidade que aparece na força de Lorentz como sendo a velocidade da carga teste em relação ao observador (e não em relação ao meio dielétrico onde a carga está se movendo, nem mesmo em relação ao ímã ou fio com corrente que estão gerando o campo magnético), contrariamente às interpretações de Thomson, Heaviside e Lorentz. Novamente não achamos necessária esta interpretação de Einstein. O eletromagnetismo pode ser totalmente formulado apenas em termos de grandezas relativas entre as cargas interagentes. Não é preciso introduzir forças ou grandezas que dependam do sistema de coordenadas ou do estado de movimento do observador. A eletrodinâmica de Weber é totalmente compatível com a visão relacional de Mach para a física.

4. Einstein apontou corretamente que a melhor maneira de implementar o princípio de Mach era utilizar apenas a distância entre os corpos interagentes e derivadas desta distância. Porém ele próprio não seguiu este caminho, pois pensou que ele era impraticável. Ele estava

errado nesta conclusão, como mostramos neste livro. Sua conclusão só pode ser devida ao fato de ele não conhecer a eletrodinâmica de Weber e aplicações de uma força análoga para a gravitação. Apesar disto, é importante enfatizar que a força de Weber tinha aparecido sessenta anos antes da relatividade restrita, que uma lei de Weber para a gravitação tinha aparecido trinta anos antes do artigo original de Einstein de 1905, que os trabalhos de Weber e de seus principais seguidores tinham sido escritos em alemão (língua materna de Einstein), que Maxwell e Helmhotz tinham discutido bastante estes trabalhos etc.

5. Ele corretamente apontou quatro conseqüências que têm de surgir em qualquer modelo que incorpore o princípio de Mach. Sua própria teoria da relatividade geral não implementou completamente estas quatro conseqüências, como ele próprio mostrou e como indicamos neste livro. Por outro lado, todas estas quatro conseqüências seguem diretamente e quantitativamente da mecânica relacional baseada nos trabalhos de Mach e de Weber, como veremos em seguida. Este é um ponto extremamente importante que não pode ser esquecido.

6. As forças centrífuga e de Coriolis não aparecem como o esperado (ou seja, equivalentes às forças fictícias da mecânica clássica) na teoria da relatividade geral. Além do mais, aparecem termos espúrios como os axiais, os quais não podem ser eliminados da teoria. Sabe-se que estes termos axiais não existem. Isto é, nunca se observou nenhum efeito devido a eles, embora a ordem de grandeza seja a mesma dos outros termos, como a centrífuga que achata a Terra ou que empurra a água para a parede do balde, ou a de Coriolis que altera o plano de oscilação do pêndulo de Foucault.

7. A relatividade geral não pode explicar a experiência do balde de Newton em todos os referenciais, ao contrário do que ocorria com a mecânica clássica. No referencial em que a matéria distante está em repouso, não há qualquer influência resultante das galáxias e estrelas sobre a água girando. Elas podem tanto aumentar de número ou desaparecer que nada disto vai afetar a concavidade da água. Por outro lado, de acordo com a teoria de Einstein, vem que no referencial da água (no qual

as estrelas e galáxias são vistas girando) a concavidade da água passa a depender da quantidade de matéria distante! Como a situação física é a mesma, apenas vista em referenciais diferentes, isto não poderia ocorrer. Este comportamento anômalo não acontece na mecânica newtoniana, onde as estrelas e galáxias distantes não têm qualquer influência sobre a água em todos os referenciais.

8. As únicas forças dependentes do referencial na mecânica newtoniana eram as forças inerciais ($m_i\vec{a}$, centrífuga, de Coriolis etc.). De acordo com Newton, estas forças não tinham relação com as estrelas fixas ou com os corpos distantes no universo, tal que se podia compreender ou aceitar sem maiores problemas este comportamento especial. Todas as outras forças entre os corpos materiais eram relacionais, ou seja, só dependendo de grandezas intrínsecas ao sistema, como a distância ou velocidade entre eles. Exemplos: a força gravitacional de Newton, a força elástica de uma mola, a força de Coulomb, as forças de contato, as forças de atrito que só dependiam da velocidade relativa entre o corpo de prova e o meio material ao seu redor etc. Einstein mudou tudo isto introduzindo forças eletromagnéticas dependentes do sistema de referência ou do observador, com sua nova interpretação da velocidade na força de Lorentz. Ele também introduziu forças gravitacionais dependentes do sistema de referência ou do observador com sua teoria da relatividade geral, como vimos ao discutir a experiência do balde com esta teoria. Isto leva a inumeráveis paradoxos, como vemos na maioria dos artigos ou livros de eletromagnetismo, mecânica ou cosmologia da física moderna.

Não achamos necessário introduzir estes conceitos de forças dependentes do estado de movimento do observador. É mais intuitivo e mais fisicamente aceitável lidar apenas com leis relacionais como a de Weber, que dependem apenas da distância, velocidade e aceleração entre os corpos interagentes. Ela é compatível com os dados observacionais e evita todos os paradoxos típicos das teorias de Einstein.

Nos parece que todos estes conceitos teóricos de contração de comprimento, dilatação do tempo, invariança de Lorentz, transformações de Lorentz, constância da velocidade da luz no vácuo qualquer que seja o estado de movimento do detector, leis covariantes, métrica de

Minkowski, espaço quadridimensional, geometria riemanniana aplicada na física, elemento de Schwarzschild, símbolos de Christoffel, curvatura do espaço, forças entre corpos materiais dependentes do estado de movimento do observador etc. desempenham o mesmo papel que os epiciclos na teoria ptolomaica. Com a mecânica relacional temos um novo paradigma para a física, que evita todos estes epiciclos de maneira simples, além de estar baseado em concepções filosóficas mais intuitivas, razoáveis e palpáveis.

Concordamos completamente com O'Rahilly nos muitos problemas e confusões que as teorias da relatividade de Einstein trouxeram para a física: [orahilly 65], Volume 2, Capítulo XIII, Seção 5, pp. 662-71.

Embora Einstein tenha sido fortemente influenciado pelas idéias de Mach como ele mesmo afirmou diversas vezes, o próprio Mach rejeitou as teorias da relatividade de Einstein. No prefácio de seu último livro intitulado *Os Princípios da Física Óptica - Um Tratamento Histórico e Filosófico* [mach 26], Mach escreveu (nossa ênfase):

> Por causa de minha velhice e doença decidi, cedendo à pressão do meu editor, mas contrariamente à minha prática usual, entregar esta parte do livro para ser publicada, enquanto que a radiação, o declínio da teoria de emissão da luz, a teoria de Maxwell, juntamente com a relatividade, serão tratados brevemente numa parte subseqüente. As questões e dúvidas surgindo do estudo destes capítulos formaram o assunto de pesquisas tediosas realizadas conjuntamente com meu filho, que tem sido meu colega por muitos anos. Teria sido desejável que a segunda parte feita em colaboração fosse publicada quase que imediatamente, mas *sou compelido, naquela que pode ser minha última oportunidade, a cancelar minha contemplação da teoria da relatividade.*
>
> *Concluo a partir das publicações que têm chegado a mim e especialmente da minha correspondência, que estou sendo gradualmente considerado como o precursor da relatividade. Mesmo agora sou capaz de visualizar aproximadamente quais as novas exposições e interpretações que muitas das idéias expressas em meu livro sobre a mecânica vão receber no futuro do ponto de vista da relatividade.*
>
> Era para ser esperado que os filósofos e físicos devessem conduzir uma cruzada contra mim pois, como já observei repetidamente, fui meramente um caminhante sem preconceitos, dotado de idéias originais em vários campos do conhecimento. *Tenho, contudo, certamente de negar ser um precursor dos relativistas assim como recuso a crença atomística dos dias de hoje.*

O motivo pelo qual e a extensão a que desacredito da teoria da relatividade dos dias de hoje, a qual encontro estar ficando cada vez mais dogmática, juntamente com os motivos particulares que me levaram a tal ponto de vista - considerações baseadas na fisiologia dos sentidos, nas idéias teóricas e acima de tudo nas concepções resultantes de minhas experiências - têm de ser tratados na seqüência.

A quantidade sempre crescente de pensamento devotado ao estudo da relatividade não será, na verdade, perdida; ela já foi frutífera e de valor permanente para a matemática. Será ela, contudo, capaz de manter sua posição no conceito físico do universo de algum período futuro como uma teoria que tem de encontrar um lugar num universo aumentado por uma multidão de novas idéias? *Provará ela ser mais do que uma inspiração transitória na história da ciência?*

Provas adicionais de que Mach se opôs às teorias da relatividade de Einstein podem ser encontradas na biografia de Mach escrita por Blackmore [blackmore 72] e em seu importante artigo intitulado "Ernst Mach leaves 'The Church of Physics'", [blackmore 89].

Também não aceitamos as teorias da relatividade de Einstein pelos motivos expostos neste livro. No lugar delas propomos a Mecânica Relacional como apresentada neste trabalho.Apesar de incompatível com as teorias de Einstein, está totalmente de acordo com as idéias de Mach.

Mecânica Relacional

Conceitos Primitivos e Postulados

Apresentamos agora a nova mecânica que estamos propondo para substituir as mecânicas newtoniana e einsteiniana. Denominamo-la de "Mecânica Relacional". Inicialmente mostramos a formulação completa da teoria e discutimos suas aplicações. Num Capítulo final apresentamos a história da mecânica relacional, enfatizando os principais desenvolvimentos e colocando todos os aspectos na perspectiva histórica.

Por mecânica relacional entendemos uma formulação da mecânica (o estudo do equilíbrio e do movimento dos corpos) baseada apenas em quantidades relativas, evitando o uso de conceitos como o espaço e o tempo absolutos de Newton, desvinculados da matéria distante. As grandezas relacionais que vão aparecer aqui são distância entre corpos materiais, r, velocidade radial relativa entre eles, dr/dt, e a aceleração radial relativa entre eles, d^2r/dt^2.

Começamos apresentando alguns conceitos primitivos, isto é, conceitos básicos necessários para se definir e compreender outros mais complexos. Não definimos estes conceitos primitivos para evitar círculos viciosos. Os conceitos primitivos que vamos precisar são: (1) corpos materiais com massa gravitacional, (2) carga elétrica, (3) distância entre corpos materiais, (4) tempo entre eventos físicos e (5) força ou interação entre corpos materiais.

Em nenhum lugar introduzimos os conceitos de inércia ou de massa inercial, de sistemas inerciais de referência, nem os conceitos de espaço e tempo absolutos.

Assim como Newton postulou três axiomas ou leis do movimento, vamos fazer o mesmo na mecânica relacional. Apesar de seguirmos o método postulacional, estamos cientes do trabalho fundamental de Gödel, que mostrou as limitações deste método (para uma discussão clara e didática do assunto, ver o importante livro de Nagel e Newman [nagelnewman 73]). O motivo para seguirmos esta linha são a riqueza e clareza do método, além do grande número de resultados que se obtém com ele a partir de poucos postulados.

Após esta digressão apresentamos os três postulados da mecânica relacional:

(I) Força é uma quantidade vetorial que descreve a interação entre corpos materiais.

(II) A força que uma partícula pontual *A* exerce sobre uma partícula pontual *B* é igual e oposta à força que *B* exerce sobre *A* e é direcionada ao longo da linha reta conectando *A* até *B*.

(III) A soma de todas as forças de qualquer natureza (gravitacional, elétrica, magnética, elástica, nuclear...) agindo sobre qualquer corpo é sempre nula em todos os sistemas de referência.

O primeiro postulado qualifica a natureza de uma força (dizendo que ela é uma quantidade vetorial, com módulo, direção e sentido). Mais importante do que isto é que ele especifica sua propriedade de se adicionar como vetores, ou seja, a lei do paralelogramo de forças. Observe apenas que ainda não estamos falando de lei do paralelogramo para as acelerações, mas apenas para forças. Este postulado também deixa claro que força é uma interação entre corpos materiais. Ela não descreve, por exemplo, uma interação de um corpo com o "espaço".

O segundo postulado é similar à lei de ação e reação de Newton, ou seja: $\vec{F}_{AB} = -\vec{F}_{BA}$. Além do mais, estamos especificando que todas as forças entre partículas pontuais, não interessando sua origem (elétrica, elástica, gravitacional...) são direcionadas ao longo das linhas retas conectando estes corpos. É importante enfatizar aqui partículas "pontuais". O motivo é simples e podemos ilustrar o assunto com um contra-exemplo. Seja um dipolo elétrico constituído de duas cargas pontuais q_1 e $-q_1$ separadas por uma distância d_1. Escolhemos um sistema de referência O com origem no centro deste dipolo, com eixo z ao longo da reta que une q_1 e $-q_1$, apontando de $-q_1$ para q_1. O momento de dipolo elétrico é então dado por $\vec{p}_1 = q_1 d_1 \hat{z}$. Seja uma outra carga pontual q_2 colocada sobre o eixo x a uma distância r_2 da origem. Consideramos todas as cargas em repouso, sendo este um problema simples de eletrostática. A força exercida por q_1 sobre q_2 está ao longo da reta que as une. A força exercida por $-q_1$ sobre q_2 está ao longo da reta que une estas duas últimas cargas. Já a força exercida pelo dipolo $\vec{p}_1$ sobre q_2 (ou seja, a soma destas duas forças anteriores) está ao longo do eixo z.

Ou seja, mesmo se $d_1 << r_2$ a força entre o dipolo e q_2 não está ao longo do eixo x, que poderia ser considerada a reta unindo o dipolo "pontual" (isto é, seu centro) com a carga q_2 muito afastada. O motivo para isto é que mesmo neste caso em que $d_1 << r_2$, o dipolo não é de fato pontual, havendo uma pequena distância entre suas cargas constituintes.

Tirando casos como estes, muitas vezes podemos aproximar dois corpos reais A e B por partículas pontuais, quando seus tamanhos (diâmetros máximos) são muito menores do que a distância entre eles (entre seus centros).

O terceiro postulado apresenta a principal mudança em relação à mecânica newtoniana. Podemos chamá-lo de princípio de equilíbrio dinâmico. Dizemos aqui que a soma de todas as forças atuando em um corpo é sempre nula, mesmo quando este corpo está em movimento e acelerado em relação a outros corpos, em relação a nós mesmos, ou a qualquer outro referencial. Mais tarde vamos *derivar* uma lei similar à segunda lei do movimento de Newton. A vantagem deste terceiro postulado, comparado com a segunda lei do movimento de Newton, é que não introduzimos nele os conceitos de inércia, de massa inercial, de espaço absoluto e nem de sistema de referência inercial. Na mecânica newtoniana tínhamos que a soma de todas as forças era igual à variação do momento linear (produto da massa inercial pela velocidade) com o tempo. No caso de massa constante isto era igual ao produto da massa inercial do corpo por sua aceleração em relação ao espaço absoluto ou em relação a um sistema de referência inercial. Isto significa que estes conceitos tinham de ter sido introduzidos e clarificados anteriormente e que formam uma parte essencial da segunda lei do movimento de Newton. O nosso postulado evita tudo isto e esta é sua maior vantagem. Além do mais, ele é válido em todos os sistemas de referência, enquanto que a segunda lei de Newton só era válida em sistemas inerciais, caso contrário seria necessário introduzir as forças fictícias. Suponha uma pessoa sobre a superfície da Terra jogando uma pedra para cima na presença de um forte vento, que afeta o movimento da pedra em direção e magnitude. Durante todo o tempo a pessoa vai aplicar o postulado de que a força resultante agindo sobre a pedra é nula, mesmo quando a pedra está subindo, descendo, parando no solo e permanecendo lá em repouso. No referencial da pedra (isto é, num referencial sempre em repouso em relação à pedra) também deve-se aplicar o postulado de que a força resultante agindo sobre ela é nula durante todo este tempo. E em qualquer outro sistema de referência arbitrário que se move em relação à Terra e à pedra também se deve utilizar deste postulado: de que a força resultante agindo sobre a pedra é sempre nula.

Ao aplicar o terceiro postulado chegamos a outro resultado que concorda com as idéias de Mach. Isto é, podemos multiplicar todas as forças por uma mesma constante (tendo ou não tendo dimensões) sem afetar os resultados, já que as únicas coisas que vão interessar são razões entre cada par de forças. Nunca podemos saber o valor absoluto de qualquer força, mas apenas quantas vezes uma força é maior ou menor do que outra. As dimensões das forças também ficam indefinidas, desde que todas as forças tenham a mesma dimensão. Neste livro utilizamos apenas forças especificadas de acordo com o sistema internacional de unidades (isto é, forças com dimensão de *newton*, *N*) para tornar tudo similar à mecânica newtoniana, embora isto não seja obrigatório ou necessário.

Se trabalharmos com energias ao invés de forças, estes três postulados podem ser substituídos por um único, a saber: "A soma de todas as energias de interação (gravitacional, elétrica, elástica...) entre qualquer corpo e todos os outros corpos no universo é sempre nula, em todos os sistemas de referência". Mais uma vez apenas a razão entre energias vai ter relevância. Este postulado pode ser chamado de princípio de conservação da energia. A vantagem deste postulado em relação ao postulado análogo da mecânica clássica (a soma da energia cinética com as energias potenciais é uma constante) é que não introduzimos aqui o conceito de energia cinética $m_i v^2/2$. Esta grandeza tem embutido nela o conceito de massa inercial e de espaço absoluto ou sistemas inerciais (os sistemas em relação aos quais se deve medir a velocidade v). Mais tarde vamos *derivar* uma energia similar a esta energia cinética e também um postulado de conservação da energia análogo a este da mecânica clássica.

Forças Eletromagnéticas e Gravitacionais

Estes postulados se referem apenas às forças entre corpos materiais. Até agora os conceitos de carga elétrica, massa gravitacional e distância entre corpos não apareceram. Para implementar estes postulados e para obter as equações de movimento seguindo as idéias de Mach, precisamos de algumas expressões para as forças e energias. Estes postulados só fazem sentido juntamente com as leis de força e energia descrevendo os diversos tipos de interação, assim como acontecia com os três postulados ou leis do movimento de Newton. Aqui vem a principal contribuição de Weber. Em 1848 ele propôs que a energia de interação entre duas cargas elétricas q_1 e q_2 fosse dada por ([assis 94a], Capítulo 3 e [assis 95a], Capítulo 2):

$$U = \frac{1}{4\pi\varepsilon_o}\frac{q_1 q_2}{r}\left(1 - \frac{\dot{r}^2}{2c^2}\right)$$

Aqui,

$$c = \frac{1}{\sqrt{\mu_o \varepsilon_o}} = 3 \times 10^8 \, m/s$$

r é a distância entre as cargas e $\dot{r} = dr/dt$ é a velocidade radial entre elas.

A força exercida por 2 em 1 pode ser obtida de

$$\vec{F}_{21} = -\hat{r}\left(\frac{dU}{dr}\right)$$

onde $\hat{r}$ é o vetor de módulo unitário apontando de 2 para 1. Com isto se obtém o resultado que Weber já havia proposto em 1846, chegando a ele por outro caminho. Esta força de Weber é dada por (sendo

$\ddot{r} = \dfrac{d^2 r}{dt^2}$ a aceleração radial entre elas):

$$\vec{F}_{21} = \frac{q_1 q_2}{4\pi\varepsilon_o} \frac{\hat{r}}{r^2} \left(1 - \frac{\dot{r}^2}{2c^2} + \frac{r\ddot{r}}{c^2} \right)$$

As propriedades e vantagens da teoria eletromagnética de Weber (e uma lei análoga para a gravitação) foram discutidas em detalhes em outros livros nossos ([assis 92a], [assis 94], [assis 95a], [buenoassis 98] e [assis 98]), assim como em diversos artigos: [assis 89a] até [assis 97], [assisbueno 95] a [assisbueno 96], [buenoassis 95] a [buenoassis 97d], [assiscaluzi 91], [caluziassis 95a] a [caluziassis 95b], [clementeassis 91], [assisclemente 92] e [assisclemente 93], [graneauassis 94], [assisgraneau 95] e [assisgraneau 96], [xavierassis 94]. Nestes trabalhos encontram-se diversas outras referências adicionais sobre todos estes tópicos.

Em analogia com a eletrodinâmica de Weber, propomos como a base da mecânica relacional que a lei de Newton da gravitação universal seja modificada para ficar nos moldes da lei de Weber. Em particular, a energia de interação entre duas massas gravitacionais m_{g1} e m_{g2} e a força exercida por 2 em 1 devem ser dadas por, respectivamente:

$$U = -G \frac{m_{g1} m_{g2}}{r} \left(1 - \xi \frac{\dot{r}^2}{2c^2} \right)$$

$$\vec{F}_{21} = -G m_{g1} m_{g2} \frac{\hat{r}}{r^2} \left[1 - \frac{\xi}{c^2} \left(\frac{\dot{r}^2}{2} - r\ddot{r} \right) \right]$$

Nestas equações ξ é uma constante adimensional. Com $\xi = 0$ ou $c \to \infty$ reobtemos a energia potencial e a força usuais da mecânica clássica. Por hora apenas impomos que $\xi > 0$. Mais tarde veremos, para que se possa derivar a precessão do periélio dos planetas, como observado pelos astrônomos, que $\xi = 6$.

Para evitar o paradoxo gravitacional que surge num universo infinito e homogêneo e um outro paradoxo análogo que aparece quando implementamos o princípio de Mach através da mecânica relacional, podemos utilizar uma modificação ligeira desta energia gravitacional: multiplicar todos os termos por um decaimento exponencial do tipo $e^{-\alpha r}$, onde α é uma constante com dimensões do inverso de comprimento.

As principais propriedades da energia potencial e força de Weber aplicadas ao eletromagnetismo e gravitação são as seguintes:

(a) Estas forças seguem estritamente o segundo postulado, já que elas obedecem ao princípio de ação e reação e estão ao longo da linha reta que une os corpos interagentes.

(b) Reobtemos as forças elétrica de Coulomb e gravitacional de Newton quando não há movimento entre as partículas, isto é, quando $\dot{r} = 0$ e $\ddot{r} = 0$. Isto acontece quando a distância entre as partículas é constante, mesmo que elas estejam se movendo juntas em relação a um sistema de referência arbitrário ou em relação a outros corpos.

(c) A propriedade mais importante é que estas energias e forças dependem apenas da distância relativa, da velocidade radial e da aceleração radial entre as partículas interagentes. Embora a posição, velocidade e aceleração de uma partícula em relação a um sistema de referência O possam ser diferentes da posição, velocidade e aceleração da mesma partícula em relação a um outro sistema de referência O', a distância, velocidade radial relativa e aceleração radial relativa entre duas partículas são as mesmas em ambos os sistemas de referência, ver [assis 94], Seção 3.2. Isto é, estas forças e energias são completamente relacionais por natureza. Elas têm o mesmo valor para todos os observadores, independente se eles são ou não inerciais do ponto de vista newtoniano.

Todas as energias e leis de força a serem propostas no futuro têm de ter esta propriedade para poder implementar o princípio de Mach de forma coerente. Como já mostramos antes, Mach enfatizou que "todas as massas e todas as velocidades e, conseqüentemente, todas as forças são relativas".

Mesmo quando temos um meio, como no caso da força de atrito, agindo entre um projétil e o ar ou a água que o circundam, só devem aparecer quantidades relacionais. Por exemplo, a força de atrito dinâmico tem de ser escrita em termos da velocidade relativa entre o projétil e o meio (ar ou água neste caso).

A situação na física de hoje em dia é bem diferente. Na segunda lei do movimento de Newton temos acelerações relativas ao espaço absoluto ou a sistemas de referência inerciais. A situação é ainda pior na força de Lorentz $\vec{F} = q\vec{E} + q\vec{v} \cdot \vec{B}$ onde a velocidade $\vec{v}$ da carga de prova q é entendida (após Einstein) como sua velocidade em relação ao observador e não em relação ao ímã ou ao fio com corrente, com o qual a carga teste está obviamente interagindo.

Implementando o Princípio de Mach

Mostramos agora como implementar quantitativamente o princípio de Mach baseados nestes postulados e forças relacionais. Para obter a equação para a conservação da energia e a equação de movimento para o corpo de prova, precisamos incluir sua interação com todos os corpos do universo. Dividimos esta interação em dois grupos.

(A) O primeiro grupo é composto por sua interação com os corpos locais (a Terra, ímãs, cargas elétricas, molas, forças de atrito etc.) e com distribuições anisotrópicas de corpos ao seu redor (a Lua e o Sol, a matéria ao redor do centro de nossa galáxia etc.). A energia do corpo de prova interagindo com todos estes N corpos será representada por:

$$U_{Am} = \sum_{j=1}^{N} U_{jm}$$

onde U_{jm} é a energia do corpo de prova de massa gravitacional m_g interagindo com o corpo j. O subíndice A significa anisotrópico mas também inclui corpos locais que podem estar localizados ao redor do corpo de prova. A força exercida por todos estes N corpos sobre m_g será representada por

$$\vec{F}_{Am} = \sum_{j=1}^{N} \vec{F}_{jm}$$

onde $\vec{F}_{jm}$ é a força exercida por j sobre m_g.

(B) O segundo grupo é composto pela interação do corpo de prova m_g com distribuições isotrópicas de matéria distante ao seu redor. Por distribuições isotrópicas queremos dizer corpos espalhados com simetria esférica ao redor de m_g, tal que m_g esteja dentro destas distribuições, embora não necessariamente estando no centro delas. A energia de interação de m_g com estas distribuições isotrópicas será representada por U_{Im}, onde o subíndice I vem de isotrópica. A força exercida por estas distribuições isotrópicas sobre m_g será representada por $\vec{F}_{\mathrm{Im}}$. Utilizamos agora um fato conhecido de que o universo é altamente isotrópico quando medido pela radiação de fundo na região de microondas e de raios-X, ou por contagem de fontes de rádio e de galáxias distantes [assis 89a]. Deve ser observado que não estamos assumindo teoricamente que este fato é verdadeiro. Para nós este fato vem das observações astronômicas e não de uma hipótese teórica. Como a Terra não ocupa uma região central em relação ao universo como um todo, este fato sugere homogeneidade numa escala muito grande. Isto é, a densidade de matéria média no universo não deve depender de R (a distância do ponto considerado até nós): $\rho_g(R) = \rho_o =$ constante. Devido à grande distância entre as galáxias e às suas neutralidades elétricas, elas só podem interagir de maneira significativa com corpos distantes, através de forças gravitacionais. Podemos então integrar as expressões gravitacionais para a energia e para a força de Weber utilizando uma densidade de matéria constante. Para fazer as contas supomos um sistema de referência no qual o universo como um todo, isto é, o conjunto de galáxias distantes, não tem movimento translacional, mas gira com uma velocidade angular $\vec{\omega}_{US}$. Em relação a este referencial, a partícula teste está localizada em $\vec{r}_{mS}$ e tem velocidade e aceleração dadas por

$$\vec{v}_{mS} = \frac{d\vec{r}_{mS}}{dt} \quad \text{e} \quad \vec{a}_{mS} = \frac{d^2\vec{r}_{mS}}{dt^2}$$

respectivamente. Desta maneira encontramos U_{Im}, a energia de interação de m_g com a parte isotrópica do universo distante. Isto é, sua interação com a distribuição isotrópica e homogênea de galáxias, que está girando com uma velocidade angular $\vec{\omega}_{US}$ em relação ao sistema de referência S.

Analogamente também podemos obter a força $\vec{F}_{\text{Im}}$ exercida por esta parte isotrópica do universo distante sobre m_g. Para isto integramos estas equações para todo o universo conhecido, isto é, até o raio de Hubble c/H_o, onde H_o é a constante de Hubble. O resultado destas integrações é (ver [assis 94], Seção 7.7):

$$U_{\text{Im}} = -\Phi\left[\frac{3}{\xi} m_g c^2 - m_g \frac{(\vec{v}_{mS} - \vec{\omega}_{US} \times \vec{r}_{mS}) \cdot (\vec{v}_{mS} - \vec{\omega}_{US} \times \vec{r}_{mS})}{2}\right]$$

$$\vec{F}_{\text{Im}} = -\Phi m_g \left[\vec{a}_{mS} + \vec{\omega}_{US} \times (\vec{\omega}_{US} \times \vec{r}_{mS}) + 2\vec{v}_{mS} \times \vec{\omega}_{US} + \vec{r}_{mS} \times \frac{d\vec{\omega}_{US}}{dt}\right]$$

onde $\Phi = \dfrac{2\pi\xi G\rho_o}{3H_o^2}$

Pelo princípio de ação e reação obedecido pela força de Weber, obtemos que o corpo m_g exerce uma força exatamente igual e oposta no universo distante.

Num sistema de referência S', no qual o universo como um todo (isto é, o conjunto de galáxias distantes) não está girando mas no qual o universo como um todo se move em relação a S' com uma aceleração de translação $\vec{a}_{US'}$, a integração da força de Weber gravitacional fornece:

$$\vec{F}_{\text{Im}} = -\Phi m_g (\vec{a}_{mS'} - \vec{a}_{US'})$$

Aqui $\vec{a}_{mS'}$ é a aceleração de m_g em relação a S'. Novamente m_g exercerá uma força igual e oposta sobre o conjunto de galáxias distantes.

Se estamos num sistema de referência U no qual o universo como um todo (o referencial das galáxias distantes) está em repouso e sem rotação, a integração da energia e força de Weber para a parte isotrópica fornecem, respectivamente:

$$U_{\text{Im}} = -\Phi\left[\frac{3m_g c^2}{\xi} - \frac{m_g \vec{v}_{mU} \cdot \vec{v}_{mU}}{2}\right]$$

$$\vec{F}_{\text{Im}} = -\Phi m_g \vec{a}_{mU}$$

Aqui $\vec{v}_{mU}$ e $\vec{a}_{mU}$ são a velocidade e aceleração de m_g em relação ao referencial das galáxias distantes. Neste referencial o conjunto das galáxias distantes é visto em repouso sem qualquer velocidade linear ou angular (desprezando os movimentos peculiares) e também sem qualquer aceleração linear ou angular. Chamaremos a este referencial de sistema de referência universal U.

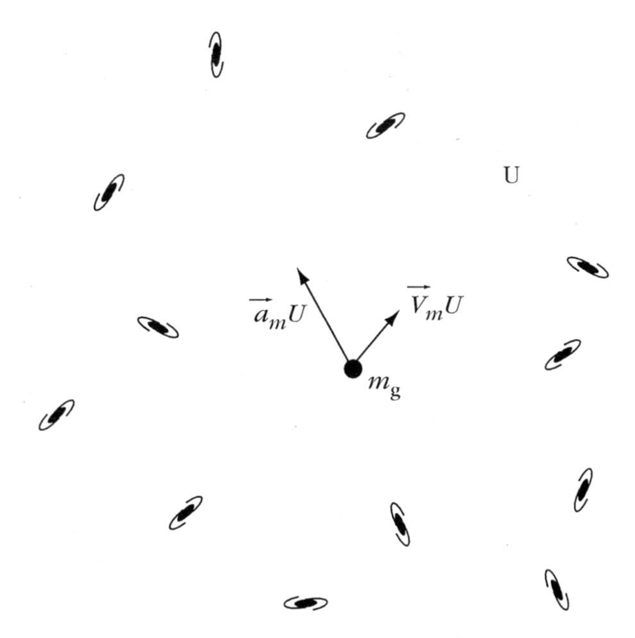

Sistema de referência universal *U*.

Se tivéssemos utilizado uma expressão para a energia gravitacional com o decaimento exponencial com $\alpha = H_o / c$, poderíamos ter integrado de zero até o infinito, sem obter divergências. Obteríamos então estas equações com

$$A = \frac{4\pi\xi G\rho_0}{3H_o^2} \text{ ao invés de } \Phi.$$

Deve ser enfatizado que o ρ_o que aparece nestas equações é a densidade volumétrica das galáxias no espaço (*N* vezes a massa média de cada galáxia dividido pelo volume ocupado por estas *N* galáxias, com *N* bem grande). Além do mais, estamos integrando sobre todo o universo conhecido. Isto significa que a principal contribuição para Φ vem das galáxias distantes e não das estrelas pertencendo à nossa própria galáxia.

Estamos agora aptos a implementar quantitativamente o princípio de Mach, utilizando o terceiro postulado de que a soma de todas as forças é nula (ou de que a soma de todas as energias de interação é nula), a saber:

$$U_{Am} + U_{\text{Im}} = 0$$

$$\vec{F}_{Am} + \vec{F}_{\text{Im}} = 0$$

Isto completa a implementação matemática do princípio de Mach. Discutimos agora todas as conseqüências diretas que podemos obter da mecânica relacional.

A equação $U_{Am} + U_{\text{Im}} = 0$ é similar à equação da mecânica clássica para a conservação da energia. A equação

$$\vec{F}_{Am} + \vec{F}_{\text{Im}} = 0$$

é similar à segunda lei do movimento de Newton. Estas identificações ficam completas se $\Phi = 1$, ou se, equivalentemente:

$$3H_o^2 = 2\pi\xi G\rho_o$$

Esta relação notável ligando três grandezas independentes e mensuráveis (ou observáveis) da física (G, H_o e ρ_o) é uma conseqüência necessária de qualquer modelo tentando implementar o princípio de Mach. Sabe-se que esta relação é aproximadamente verdadeira (com ξ entre 1 e 20) desde a década de 30, com os grandes números de Dirac, [dirac 38]. Mas enquanto que para Dirac esta relação foi derivada mais como uma numerologia sem uma compreensão mais aprofundada, aqui ela é derivada a partir dos primeiros princípios como uma conseqüência da mecânica relacional.Também podemos saber que esta relação tem de ser verdadeira a partir da validade da mecânica newtoniana em experiências simples de laboratório. Isto é, como só reobtemos a mecânica newtoniana se $\Phi = 1$, concluímos que este tem de ser o caso. Mas o fato mais notável é que a validade desta relação pode ser obtida independentemente, utilizando os valores conhecidos de G, H_o e ρ_o. O valor de G é $6{,}67 \times 10^{-11}$ Nm^2/kg^2, enquanto que

$$\rho_o / H_o^2 \approx 4{,}5 \times 10^8 \, kgs^2 / m^3$$

[borner 88], Seções 2.2 e 2.3, pp. 44-74. A maior incerteza está no valor de

$$\rho_o / H_o^2 ,$$

que ainda não é conhecido com tanta precisão.

De agora em diante assumimos que vale exatamente $\Phi = 1$. Ou $A = 1$, se tivéssemos trabalhado com o decaimento exponencial na energia e integrado até o infinito: $3H_o^2 = 4\pi\xi G\rho_o$.

No sistema de referência U as equações

$$U_{Am} + U_{\text{Im}} = 0 \quad \text{e} \quad \vec{F}_{Am} + \vec{F}_{\text{Im}} = 0$$

se reduzem a formas simples dadas por:

$$\sum_{j=1}^{N} U_{jm} + \frac{m_g \vec{v}_{mU} \cdot \vec{v}_{mU}}{2} - \frac{3 m_g c^2}{\xi} = 0$$

$$\sum_{j=1}^{N} \vec{F}_{jm} - m_g \vec{a}_{mU} = 0$$

Contrariamente ao espaço absoluto de Newton que não tinha qualquer relação com nada externo, este sistema de referência universal é completamente determinado pelo mundo material distante. Ele é o referencial no qual a matéria distante como um todo está em repouso, apesar da existência de velocidades peculiares ou próprias das galáxias, umas em relação às outras neste referencial. Ou seja, é o referencial no qual a velocidade média das galáxias é nula, apesar de não ser necessário (e obviamente não é este o caso) que todas as galáxias estejam em repouso neste referencial. Neste sistema de referência universal, o universo aparece isotrópico em grande escala, com as galáxias distantes estando distribuídas de maneira mais ou menos uniforme. Das observações astronômicas parece que este é o mesmo referencial no qual a radiação cósmica de fundo é isotrópica sem qualquer anisotropia de dipolo. É neste referencial que as equações de movimento da mecânica relacional ficam na forma mais simples, sem o aparecimento de termos contendo a aceleração do universo distante. Obviamente, em qualquer referencial O que se move com uma velocidade linear constante em relação ao referencial U a equação de movimento ficará de forma tão simples quanto em U, ou seja:

$$\sum_{j=1}^{N} \vec{F}_{jm} - m_g \vec{a}_{mo} = 0$$

onde $\vec{a}_{mo}$ é a aceleração de m_g em relação a O.

Estas últimas equações são análogas à equação de conservação da energia da mecânica clássica em sistemas de referência inerciais e a segunda lei do movimento de Newton no espaço absoluto ou em referenciais inerciais. Mas a diferença é que agora nós *derivamos* uma expressão análoga à energia cinética e uma outra análoga à equação de movimento newtoniana. Já na mecânica clássica éramos obrigados a começar com o conceito de energia cinética (ou de postulá-lo), sem saber de onde vinha (sem saber sua origem física). Da mesma maneira, Newton foi obrigado a começar com

$$\vec{F} = \frac{d\,(m_i \vec{v})}{dt}$$

(ou com $\vec{F} = m_i \vec{a}$), já que não tinha de onde derivar esta equação. Por este motivo foi necessário introduzir *a priori* o conceito de inércia ou de massa inercial, sem saber de onde vinha este conceito ou sua origem física.

Na mecânica relacional estamos derivando uma energia análoga à energia cinética clássica. Mas quando identificamos esta energia $m_g v_{mU}^2 / 2$ com a energia cinética clássica $m_i v^2 / 2$, passamos a entender imediatamente a proporcionalidade misteriosa entre as massas inerciais e gravitacionais que aparecia na mecânica newtoniana. Isto é, na mecânica relacional obtivemos que a energia cinética é uma energia de interação como qualquer outro tipo de energia potencial. É uma energia de interação gravitacional surgindo do movimento relativo entre m_g e o universo como um todo ao redor deste corpo. Esta energia na mecânica relacional deixa de ser dependente do sistema de referência, ao contrário do que acontecia na mecânica clássica. O motivo para isto é que a energia U_{Im} tem o mesmo valor numérico (embora não necessariamente a mesma forma) em todos os sistemas de referência. Por exemplo, num referencial O no qual o universo como um todo (o conjunto das galáxias distantes) não estivesse girando mas apenas transladando com uma velocidade constante $\vec{v}_{UO}$, a energia cinética da mecânica relacional obtida após a integração tem sua forma dada por

$$\frac{m_g \left[\vec{v}_{mo} - \vec{v}_{UO}\right]^2}{2}$$

ao invés de $m_g v_{mU}^2 / 2$, onde $\vec{v}_{mo}$ é a velocidade de m_g em relação a O. E obviamente

$$\frac{m_g v_{mU}^2}{2} = \frac{m_g \left|\vec{v}_{mo} - \vec{v}_{UO}\right|^2}{2} \qquad \text{já que} \qquad \vec{v}_{mo} = \vec{v}_{mU} + \vec{v}_{UO}$$

A mesma coisa pode ser concluída a partir da equação

$$\sum_{j=1}^{N} \vec{F}_{jm} - m_g \vec{a}_{mU} = 0$$

Se identificamos esta equação que foi derivada na mecânica relacional com a segunda lei do movimento de Newton, passamos a entender imediatamente a proporcionalidade entre as massas inerciais e gravitacionais da mecânica clássica. Isto é, a força $-m_g \vec{a}_{mU}$ desta equação é uma força gravitacional real entre m_g e o universo em grande escala (o conjunto das galáxias distantes) quando há uma aceleração entre eles. A força $\vec{F}_{Im}$ deixa de ser dependente do referencial, ao contrário do que ocorria com $m_i \vec{a}$ da mecânica clássica. No caso da mecânica relacional, $\vec{F}_{Im}$ tem o mesmo valor numérico (e aponta na mesma direção em relação a outros corpos) em todos os sistemas de referência, embora não precise ter exatamente a mesma forma. Isto é devido ao fato de que a força de Weber depende apenas de grandezas relacionais como r, $\dot{r}$ e $\ddot{r}$ que têm o mesmo valor em todos os referenciais.

No caso em que a força resultante anisotrópica

$$\vec{F}_{Am} = \sum_{j=1}^{N} \vec{F}_{jm}$$

agindo sobre m_g é nula, concluímos a partir da equação

$$\sum_{j=1}^{N} \vec{F}_{jm} - m_g \vec{a}_{mU} = 0$$

e do fato de que $m_g \neq 0$, que $\vec{a}_{mU} = 0$. Isto é, resulta que o corpo de prova vai se mover com uma velocidade constante em relação ao referencial U, no qual o conjunto das galáxias distantes está em repouso. A identificação da mecânica relacional com a mecânica newtoniana mostra que também *derivamos* uma lei do movimento similar à primeira lei de Newton. Mas agora ao invés de dizer que um corpo vai se mover com uma velocidade constante em relação ao espaço absoluto (uma entidade a que não temos nenhum acesso), dizemos que o corpo vai se mover com uma velocidade constante em relação ao referencial das galáxias distantes. Se este é o caso, então o corpo de prova também vai se mover com uma velocidade constante em relação a qualquer outro referencial O que se move com uma velocidade constante em relação ao referencial das galáxias distantes. Estes referenciais podem então ser identificados com os referenciais inerciais da mecânica clássica. Só que agora eles passam a ser completamente determinados pela matéria distante.

A identificação das equações:

$$\sum_{j=1}^{N} U_{jm} + \frac{m_g \vec{v}_{mU} \cdot \vec{v}_{mU}}{2} - \frac{3 m_g c^2}{\xi} = 0$$

$$\sum_{j=1}^{N} \vec{F}_{jm} - m_g \vec{a}_{mU} = 0$$

com a equação clássica para a conservação da energia e com a segunda lei do movimento de Newton, respectivamente, explica a proporcionalidade entre as massas inerciais e gravitacionais da mecânica newtoniana. Os conceitos de inércia de um corpo, de massa inercial, de sistemas de referência inerciais, de energia cinética etc. nunca foram introduzidos na mecânica relacional. Apenas quando identificamos estas equações com as equações análogas da mecânica clássica é que passamos a compreender e explicar este enigma da teoria newtoniana. Isto é, agora podemos explicar por que as massas gravitacionais e inerciais newtonianas são proporcionais uma à outra. O motivo é que os segundos termos do lado esquerdo destas equações surgiram de interações gravitacionais entre a massa gravitacional m_g e a massa gravitacional das galáxias distantes quando há um movimento relativo entre m_g e estas galáxias distantes. Apenas quando identificamos estes termos com a mecânica newtoniana passa a ficar claro que estas expressões "cinéticas" da mecânica newtoniana têm uma origem gravitacional. A mecânica clássica ganha um novo significado e passamos a ter uma compreensão clara quando a vemos sob a óptica da mecânica relacional.

Na mecânica relacional não precisamos postular a proporcionalidade ou igualdade entre m_g e m_i, como é necessário fazer na teoria da relatividade geral de Einstein. Aqui este resultado é uma conseqüência direta da teoria. Isto mostra uma das grandes vantagens da mecânica relacional sobre a teoria da relatividade de Einstein.

Uma outra coisa que é explicada imediatamente na mecânica relacional é a igualdade entre $\vec{\omega}_k$ e $\vec{\omega}_d$, isto é, entre as rotações cinemática e dinâmica da Terra. Como acabamos de ver, as equações de movimento da mecânica relacional ficam em suas formas mais simples num sistema de referência em relação ao qual o universo como um todo (o conjunto das galáxias distantes) está em repouso. Em outro sistema de referência S vão aparecer termos na energia U_{Im} e na força $\vec{F}_{\text{Im}}$ que vão depender de $\vec{v}_{US}$, de $\vec{a}_{US}$ ou de $\vec{\omega}_{US}$. Isto é, da velocidade, aceleração de translação e velocidade de rotação do universo como um todo em relação a S. Quando identificamos este fato e a mecânica relacional com a mecânica newtoniana tudo fica óbvio e inteligível. Isto é, a explicação desta coincidência da mecânica clássica $\left(\vec{\omega}_k = \vec{\omega}_d\right)$ é que o universo distante como um todo define o melhor sistema inercial (que é o referencial no qual as leis do movimento de Newton são válidas, sem a introdução das forças centrífuga e de Coriolis). Isto significa que o conjunto das galáxias distantes não gira em relação ao espaço absoluto porque é este conjunto de galáxias que passa a definir o que é o espaço absoluto.

Num sistema de referência S no qual o universo como um todo está girando em relação à origem deste referencial com uma velocidade angular $\vec{\omega}_{US}(t)$ mas sem aceleração translacional, a equação

$\vec{F}_{Am} + \vec{F}_{\text{Im}} = 0$ fica na forma:

$$\sum_{j=1}^{N} \vec{F}_{jm} - m_g\left[\vec{a}_{mS} + \vec{\omega}_{US} \times \left(\vec{\omega}_{US} \times \vec{r}_{mS}\right) + 2\vec{v}_{mS} \times \vec{\omega}_{US} + \vec{r}_{mS} \times \frac{d\vec{\omega}_{US}}{dt}\right] = 0$$

Aqui $\vec{r}_{mS}$ é o vetor posição de m_g em relação à origem de S. Além disso, $\vec{v}_{mS}$ e $\vec{a}_{mS}$ são a velocidade e aceleração do corpo de prova em relação a este referencial S.

Este resultado da mecânica relacional tem a mesma forma que a segunda lei do movimento de Newton com as forças fictícias. A identificação destas duas fórmulas leva à conclusão de que as forças centrífuga e de Coriolis deixam de ser fictícias. Na mecânica relacional, ao contrário disto, elas passam a ser vistas como forças reais de origem gravitacional, surgindo da interação do corpo de prova com o universo girando ao redor dele. Isto está quase completamente de acordo com as idéias de Mach, pois mostramos aqui que "girando o céu de galáxias, aparecem forças centrífugas!". A única diferença em relação às idéias de Mach é que ele só conhecia a existência das estrelas fixas. Foi apenas em 1924 que Hubble estabeleceu com certeza a existência de galáxias externas ao conjunto de estrelas fixas que compõe a nossa galáxia. Isto ocorreu após a morte de Mach em 1916. Mostramos aqui que girando apenas nossa própria galáxia (isto é, o céu de estrelas fixas) em relação a um observador, que então vai gerar apenas uma pequena força centrífuga dificilmente perceptível. Por outro lado, a rotação de todo o universo conhecido (o conjunto das galáxias distantes) vai gerar exatamente a força centrífuga que se observa existir em referenciais nos quais o conjunto das galáxias distantes está girando, como é o caso no referencial terrestre.

Discutimos agora como derivar um outro aspecto que tinha sido corretamente apontado por Mach. Na equação

$$\sum_{j=1}^{N} \vec{F}_{jm} - m_g \vec{a}_{mU} = 0$$

a aceleração que aparece é a aceleração do corpo de prova em relação ao referencial das galáxias distantes. Ou seja, é a aceleração do corpo de prova em relação ao sistema de referência no qual o conjunto das galáxias como um todo não gira e não tem aceleração de translação. Quando estamos lidando com corpos sobre a superfície da Terra, como por exemplo realizando experiências de colisões de bolas de bilhar, em geral medimos apenas as acelerações dos corpos de prova em relação à superfície da Terra. Contudo, a Terra gira ao redor de seu eixo em relação às estrelas fixas com um período de um dia, ela orbita ao redor do Sol em relação às estrelas fixas com um período de um ano e o sistema solar orbita ao redor do centro de nossa galáxia em relação ao referencial das galáxias distantes com um período de $2,5 \times 10^8\ anos$. Como todos estes movimentos são acelerados em relação ao universo distante, todos eles deveriam ser levados em conta quando tentamos aplicar esta equação para estudar o movimento do corpo de prova. Há contudo uma situação onde todos estes aspectos ficam grandemente simplificados, ou seja, quando esta aceleração do corpo de prova em relação à Terra seja muito maior do que a aceleração da superfície da Terra neste local em relação ao referencial das galáxias distantes. Há três componentes principais desta aceleração da Terra em cada ponto de sua superfície em relação ao referencial das galáxias distantes. A primeira é sua aceleração centrípeta devido à rotação diurna da Terra em relação às estrelas fixas, a qual é dada no Equador terrestre por: $a_r \approx 3{,}4 \times 10^{-2}\ m/s^2$. A segunda é a aceleração centrípeta devido a translação anual da Terra ao redor do Sol em relação às estrelas fixas, a qual é dada aproximadamente por: $a_t \approx 6 \times 10^{-5}\ m/s^2$. E a terceira é a aceleração centrípeta do sistema solar devido à sua órbita ao redor do centro da nossa galáxia em relação ao conjunto das galáxias distantes com um período de $2{,}5 \times 10^8$ *anos*. Esta aceleração é dada aproximadamente por: $a_s \approx 10^{-10}\ m/s^2$. Representando a aceleração do corpo de prova em relação à Terra por $\vec{a}_{me}$, há uma situação na qual $a_{me} >> a_r > a_t >> a_s$. Neste caso podemos desprezar as componentes da aceleração do corpo relacionadas com o movimento da Terra em relação ao conjunto das galáxias distantes e considerar apenas a aceleração do corpo em relação à superfície da Terra. Isto é, quando esta condição é satisfeita, podemos dizer que durante esta experiência o conjunto das galáxias distantes vai estar essencialmente sem aceleração em relação ao conjunto das estrelas fixas e também em relação à Terra. Isto significa que as acelerações em relação às galáxias distantes podem ser razoavelmente descritas por acelerações em relação à superfície da Terra. Ou seja, a equação

$$\sum_{j=1}^{N} \vec{F}_{jm} - m_g \vec{a}_{mU} = 0$$

pode então ser aproximada por (sempre que esta relação for válida):

$$\sum_{j=1}^{N} \vec{F}_{jm} - m_g \vec{a}_{me} = 0 .$$

Ou seja, para experiências sobre a superfície da Terra, nas quais o corpo de prova se move com acelerações satisfazendo a relação acima podemos considerar com uma boa aproximação apenas a sua aceleração em relação à superfície da Terra, esquecendo as acelerações da Terra em relação ao universo distante.

Contudo, se estamos estudando a aceleração da Terra como um todo em sua órbita ao redor do Sol, ou então o movimento de um corpo de prova movendo-se sobre a superfície da Terra com uma aceleração muito pequena da ordem de a_r ou de a_t, então também precisamos levar em conta estas acelerações. Nestes casos e devido ao fato de que a aceleração centrípeta do sistema solar em relação às galáxias distantes, a_s, é muito menor do que a_r ou a_t, podemos escrever a equação

$$\sum_{j=1}^{N} \vec{F}_{jm} - m_g \vec{a}_{mU} = 0$$

na forma

$$\sum_{j=1}^{N} \vec{F}_{jm} - m_g \vec{a}_{mf} = 0$$

Nesta equação $\vec{a}_{mf}$ é a aceleração do corpo de prova em relação ao referencial das estrelas fixas, isto é, em relação ao referencial no qual o conjunto das estrelas fixas é visto sem rotação e sem aceleração translacional. Esta equação de movimento nesta forma deve ser aplicada no referencial das estrelas fixas quando a seguinte condição for satisfeita: $a_{mf} \approx a_r > a_t >> a_s$. Assim, podemos dizer que o conjunto de galáxias distantes está essencialmente sem aceleração em relação ao referencial das estrelas fixas. É então possível e conveniente referenciar os movimentos do corpo de prova às estrelas fixas ao invés de referi-los às galáxias distantes.

No caso em que

$$\sum_{j=1}^{N} \vec{F}_{jm} = 0$$

resulta destas equações que o corpo de prova vai se mover em relação à superfície da Terra com uma velocidade constante. Se precisamos de uma aproximação melhor, concluímos que este caso de força anisotrópica resultante nula vai levar à conclusão de que o corpo de prova vai se mover com uma velocidade constante em relação ao referencial das estrelas fixas. Uma aproximação ainda melhor leva à conclusão de que o corpo de prova vai se mover neste caso com uma velocidade constante em relação ao referencial das galáxias distantes.

Fica então claro agora o significado da afirmação de Mach de que "*Permaneço até o dia de hoje como a única pessoa que insiste em referir a lei de inércia à Terra e, no caso de movimentos de grande extensão espacial e temporal, às estrelas fixas*". Em seu tempo, a existência das galáxias externas ainda não era conhecida, mas o conteúdo de sua afirmação é o mais importante. O fato relevante obtido com a mecânica relacional e que é completamente coerente com esta afirmação de Mach é que a lei da inércia foi derivada agora como tendo sentido apenas quando se referindo ao movimento dos corpos de prova em relação a corpos materiais observáveis, seja a Terra, as estrelas fixas ou as galáxias distantes.

Discutimos agora as equações: $\Phi = 1$ e $A = 1$. Elas também podem ser escritas como

$$R_o^2 = 3c^2 / 2\pi\xi G\rho_o \quad \text{ou} \quad R_o^2 = 3c^2 / 4\pi\xi G\rho_o$$

onde $R_o = \dfrac{c}{H_0}$

é o raio do universo conhecido. Se o universo está se expandindo, R_o será uma função do tempo. Isto significa que $c^2 / \xi G\rho_o$ também será uma função do tempo. Mas todas estas idéias de expansão do universo, do Big Bang etc., surgiram de se assumir que a lei de Hubble do desvio da luz das galáxias em direção ao vermelho $\left(\Delta\lambda / \lambda_o \approx rH_o / c\right)$ é devida a um efeito Doppler relacionado com a recessão entre as galáxias. Nosso próprio ponto de vista, contudo, é de que o desvio para o vermelho cosmológico (relacionado com a lei de Hubble) é devido a algum tipo de efeito chamado usualmente de luz cansada e não devido a um efeito Doppler. Ou seja, achamos que este desvio para o vermelho cosmológico tem sua origem numa interação física entre a luz das galáxias e o meio intergaláctico. Ainda não estamos certos de qual o tipo de mecanismo está atuando neste caso (interação fóton-fóton, colisão inelástica entre fótons e elétrons livres ou entre fótons e átomos ou moléculas etc.). Apesar disto já exploramos esta possibilidade em diversos artigos como: [assis 92e], [assis 92f], [assis 93c], [nevesassis 95], [assisneves 95a] e [assisneves 95b]. Nosso trabalho em seus aspectos principais é uma continuação do que foi feito por Regener, Walther Nernst, Finlay-Freundlich, Max Born e Louis de Broglie sobre uma cosmologia de equilíbrio sem expansão (ou seja, baseado num universo eterno e sem fronteiras, sem supor o Big Bang): [regener 33], [nernst 37], [nernst 38], [finlay-freundlich 53], [finlay-freundlich 54a], [finlay-freundlich 54b], [born 53], [born 54] e [debroglie 66]. Os trabalhos de Regener e de Nernst já foram traduzidos para o inglês: [regener 95], [nernst 95a] e [nernst 95b]. Para uma análise de desenvolvimentos recentes e para enfoques diferentes sobre estes modelos de um universo em equilíbrio dinâmico sem expansão, ver [reber 77], [reber 86], [marmetreber 89], [ghosh 84], [ghosh 86], [ghosh 93], [laviolette 86], [gen 88], [jaakkola 91] etc. O próprio Hubble tinha dúvidas de que o desvio para o vermelho cosmológico era devido a um efeito Doppler e sugeriu que este desvio podia ser devido a um novo princípio da natureza [hubble 37], pp. 30, 63 e 66; [hubble 42] e [hubble 58], pp. 88-89, 121-123, 193 e 197.

Nosso próprio modelo cosmológico é aquele de um universo homogêneo sem fronteiras espaciais ou temporais. Por este motivo preferimos integrar até o infinito e utilizar a equação $A = 1$ ao invés da equação $\Phi = 1$ (ou seja, assumindo um decaimento exponencial na energia de Weber gravitacional). Neste caso R_0 é visto como um comprimento característico para as interações gravitacionais, ao invés de significar o raio ou tamanho do universo. Para nós não apenas R_0 mas todas as outras grandezas como c, ξ, G e ρ_0 são de fato constantes e não funções do tempo.

Resumimos aqui as principais conseqüências diretas da mecânica relacional quando a identificamos com a mecânica newtoniana:

A. *Derivamos* equações similares à primeira e segunda leis do movimento de Newton.
B. *Derivamos* a proporcionalidade entre as massas inerciais e gravitacionais.

C. *Derivamos* o fato de que o melhor sistema inercial de que dispomos é aquele das galáxias distantes, isto é, derivamos o fato observacional de que $\vec{\omega}_k = \vec{\omega}_d$.

D. *Derivamos* a energia cinética como mais uma energia de interação, neste caso de origem gravitacional entre o corpo de prova e o universo distante, quando há um movimento entre ambos.

E. *Derivamos* o fato de que todas as forças fictícias da mecânica newtoniana são de fato forças reais como todas as outras forças usuais. Neste caso são forças de origem gravitacional agindo entre o corpo de prova e o universo distante acelerado em relação a ele.

F. *Derivamos* uma relação entre G, H_o e ρ_o , a saber,

$$3H_o^2 = 4\pi\xi G\rho_o ,$$

com $\xi = 6$ como veremos depois. Já se sabia que esta relação era válida há muito tempo, sem se encontrar uma explicação para ela.

G. Obtivemos que as forças "inerciais" $\vec{F}_{\text{Im}}$ têm o mesmo valor numérico em todos os sistemas de referência, embora não necessariamente a mesma forma.

Visões de Mundo Ptolomaica e Coperniciana

Como vimos anteriormente, Leibniz e Mach enfatizaram que o sistema geocêntrico de Ptolomeu e o sistema heliocêntrico de Copérnico são igualmente válidos e corretos. Com a mecânica relacional conseguimos implementar isto quantitativamente, mostrando a equivalência entre as duas visões de mundo.

Vamos considerar movimentos sobre a superfície da Terra e no sistema solar tais que possamos desprezar a aceleração do sistema solar em relação ao referencial das galáxias distantes (com um valor típico de $10^{-10}\ m/s^2$). Além do mais, como a massa do Sol é muito maior do que a massa dos planetas, podemos numa primeira aproximação desprezar o movimento do Sol em relação às estrelas fixas devido à atração gravitacional dos outros planetas, quando comparado com o movimento dos planetas em relação às estrelas fixas. Podemos então dizer que o Sol está essencialmente em repouso em relação às estrelas fixas, enquanto que a Terra e os outros planetas se movem em relação a elas.

Inicialmente consideramos a visão de mundo de Copérnico. Consideramos aqui o Sol no centro do universo enquanto que a Terra e os planetas orbitam ao redor dele e giram ao redor de seus eixos em relação ao referencial das estrelas fixas. A mecânica relacional pode ser aplicada neste referencial com enorme sucesso na forma da equação

$$\sum_{j=1}^{N} \vec{F}_{jm} - m_g \vec{a}_{mf} = 0$$

Apesar da atração gravitacional do Sol, a Terra e os outros planetas não diminuem sua distância ao Sol porque têm uma aceleração em relação às estrelas fixas. A matéria distante no universo exerce uma força $-m_g \vec{a}_{mf}$ sobre os planetas acelerados, que os mantêm em suas órbitas ao redor do Sol. A rotação diurna da Terra ao redor de seu eixo em relação às estrelas fixas explica sua forma achatada, com uma distância menor entre os pólos do que no Equador de leste a oeste. Explica-se a experiência do pêndulo de Foucault dizendo que o plano de oscilação permanece fixo em relação às estrelas fixas.

Já na visão de Ptolomeu a Terra é considerada em repouso no centro do universo, sem rotação. O Sol, os outros planetas e as estrelas fixas giram ao seu redor. Na mecânica relacional esta rotação da matéria distante em relação à Terra vai gerar a força $\vec{F}_{\mathrm{Im}}$ no referencial da Terra, tal que a equação de movimento vai ficar na forma da equação

$$\sum_{j=1}^{N} F_{jm} - m_g [\vec{a}_{mS} + \vec{\omega}_{US} \times (\vec{\omega}_{US} \times \vec{r}_{mS}) +$$

$$+2\vec{v}_{mS} \times \vec{\omega}_{US} + \vec{r}_{mS} \times \frac{d\vec{\omega}_{US}}{dt} \Bigg] = 0$$

Agora a atração gravitacional exercida pelo Sol sobre a Terra é contrabalançada por uma força centrífuga real de origem gravitacional exercida pela matéria distante, girando (com uma componente de período anual) ao redor da Terra. Por este motivo a Terra pode permanecer em repouso e a uma distância essencialmente constante do Sol. A rotação da matéria distante (com uma componente de período diurno) ao redor da Terra gera uma força centrífuga gravitacional real que achata a Terra nos pólos. O pêndulo de Foucault é explicado por uma força de Coriolis real agindo sobre as massas que se movem na superfície da Terra na forma de $-2m_g\vec{v}_{mS} \times \vec{\omega}_{US}$. O efeito desta força é o de manter o plano de oscilação do pêndulo girando em relação à superfície da Terra junto com a rotação das estrelas fixas em relação à Terra.

Na verdade, qualquer outro sistema de referência é igualmente válido como estes dois. Qualquer pessoa ou sistema de referência pode se considerar realmente em repouso enquanto que todo o universo move-se ao redor desta pessoa de acordo com sua vontade. E isto não apenas cinematicamente como sempre se soube, mas também dinamicamente. Todas as forças locais atuando sobre a pessoa serão contrabalançadas pelo força exercida pelo universo distante, tal que sua própria velocidade e aceleração sejam sempre nulas. Por exemplo, considere uma pedra caindo livremente no vácuo sobre a superfície da Terra devido a seu peso $\vec{P}$. No referencial da pedra ela vai sempre permanecer em repouso, enquanto que a Terra e o universo distante são acelerados para cima (ou seja, na direção da Terra apontando para a pedra), tal que a força gravitacional $\vec{P}$ exercida pela Terra sobre a pedra seja contrabalançada pela força gravitacional exercida pelas galáxias distantes sobre a pedra com um valor $m_g\vec{a}_{Um}$ tal que $\vec{P} + m_g\vec{a}_{Um} = 0$, onde $\vec{a}_{Um}$ é a aceleração do universo distante em relação à pedra.

Isto é, a mecânica relacional implementa quantitativamente e dinamicamente o velho objetivo de tornar todos os sistemas de referência igualmente válidos, corretos e verdadeiros. A forma da força exercida pela matéria distante sobre um corpo de prova pode ser diferente em diferentes sistemas de referência, mas não o valor numérico ou a direção desta força em relação a outras massas. Neste sentido pode ser mais prático, simples ou matematicamente conveniente considerar um certo sistema de referência como o preferido em relação a outros para tratar um certo problema, mas na verdade todos os outros referenciais vão levar exatamente nas mesmas conseqüências dinâmicas (muito embora possa ser mais difícil ou mais trabalhoso fazer as contas e chegar na resposta final).

Uma conseqüência bonita e marcante da mecânica relacional é que se mostrou serem dinamicamente equivalentes todos os movimentos cinematicamente equivalentes. Podemos afirmar que as estrelas e galáxias estão em repouso enquanto a Terra gira ao redor de seu eixo com um período de um dia, ou a Terra está em repouso enquanto as estrelas e galáxias giram na direção oposta em relação à Terra com o mesmo período de um dia. Nestes dois casos cinematicamente equivalentes resulta como uma conseqüência dinâmica da mecânica relacional que a Terra ficará achatada nos pólos. Nenhuma outra teoria da mecânica já proposta conseguiu implementar quantitativamente esta conseqüência. E isto apesar de sempre ter se desejado derivar este resultado atraente por motivos filosóficos, estéticos e de simplicidade matemática. O que estava faltando era uma lei de força relacional como a de Weber.

Implementação das Idéias de Einstein

Vimos anteriormente que em 1922 Einstein apontou quatro conseqüências que deviam ser implementadas em qualquer teoria incorporando o princípio de Mach:

1. A inércia de um corpo deve aumentar se se acumulam na sua vizinhança massas ponderáveis.
2. Um corpo deve sofrer uma força aceleradora quando massas vizinhas são aceleradas; a força deve ser do mesmo sentido que a aceleração.
3. Um corpo oco animado de um movimento de rotação deve produzir no seu interior um "campo de Coriolis" que faz com que corpos em movimento sejam desviados no sentido da rotação; deve ainda produzir um campo de forças centrífugas radiais.
4. Um corpo num universo vazio não deve ter inércia; ou toda a inércia de qualquer corpo tem de vir de sua interação com outras massas no universo.

Estas quatro conseqüências não são completamente implementadas na teoria da relatividade geral de Einstein, como já analisamos. Mostramos aqui que todas elas são derivadas exatamente na mecânica relacional, ver [assis 93b] e [assis 94], Capítulo 7.

Começamos com a primeira conseqüência. Vamos supor um corpo de massa gravitacional m_g interagindo com distribuições anisotrópicas de matéria e com a distribuição isotrópica de galáxias distantes ao seu redor. A força exercida por esta distribuição anisotrópica de matéria composta de N corpos é representada por

$$\vec{F}_{Am} = \sum_{j=1}^{N} \vec{F}_{jm}$$

Como já vimos, neste caso a equação de movimento da mecânica relacional no referencial U é dada pela equação

$$\sum_{j=1}^{N} \vec{F}_{jm} - m_g \vec{a}_{mU} = 0$$

Isto é análogo à segunda lei de Newton, com o corpo de prova tendo uma massa inercial m_i dada por $m_i = m_g$.

Cercamos agora o corpo de prova por uma casca esférica em repouso e sem rotação em relação ao referencial universal U. Supomos que esta casca tem um raio R, uma espessura dR e uma densidade de matéria gravitacional isotrópica ρ_g. A massa desta casca é dada então por:

$$M_g = 4\pi R^2 dR \rho_g \, .$$

Aplicamos então neste segundo caso o terceiro postulado da mecânica relacional, o princípio de equilíbrio dinâmico, que afirma que a soma de todas as forças atuando sobre m_g é nula. Em [assis 89a] e [assis 94], Seção 7.7 obtivemos que a força de Weber gravitacional exercida por uma casca esférica em repouso de massa M_g e raio R sobre uma partícula de massa m_g localizada em qualquer ponto em seu interior é dada por

$$\frac{-G\xi m_g M_g \vec{a}}{3c^2 R}$$

onde $\vec{a}$ é a aceleração do corpo de prova em relação a este referencial em que a casca está em repouso.Aplicando o princípio de equilíbrio dinâmico neste segundo caso e o resultado anterior para a força gravitacional exercida por esta casca esférica sobre o corpo de prova resulta em:

$$\sum_{j=1}^{N} \vec{F}_{jm} - G\frac{\xi}{3c^2}\frac{m_g M_g}{R}\vec{a}_{mU} - m_g \vec{a}_{mU} = 0$$

Esta equação também pode ser escrita como a segunda lei de Newton,

$$\sum_{j=1}^{N} \vec{F}_{jm} = m_i \vec{a}$$

mas agora com uma massa inercial efetiva dada por:

$$m_i = m_g\left(1 + G\frac{\xi}{3c^2}\frac{M_g}{R}\right)$$

Isto mostra que a inércia de um corpo tem de crescer quando uma matéria ponderável é colocada ao seu redor, como requer o princípio de Mach e como foi corretamente apontado por Einstein. Este fato é implementado na mecânica relacional mas não na teoria da relatividade geral de Einstein. Em princípio um resultado como este poderia ser testado em laboratório, o problema é que para massas usuais da casca esférica a ordem de grandeza do efeito é bem pequena.

Analisamos agora a segunda conseqüência. Consideramos para simplificar a análise um movimento unidimensional. Temos duas massas gravitacionais 1 e 2 interagindo por uma força de Weber. Pela forma desta força pode-se ver que se o corpo 2 for acelerado afastando-se de 1, vai haver uma força de 2 em 1 ao longo desta direção, proporcional a esta aceleração.

Isto é, mostramos que na mecânica relacional um corpo sofre uma força aceleradora quando massas próximas ou distantes são aceleradas. Além disto, mostramos que esta força está na mesma direção que a aceleração das massas. E para implementar o princípio de Mach era necessário tudo isto, como foi corretamente apontado por Einstein. A simplicidade da derivação deste efeito na mecânica relacional quando comparada com a derivação complexa e confusa baseada na relatividade geral é um bônus extra da teoria.

Vamos analisar agora a terceira conseqüência. Suponha que estamos em um sistema de referência S no qual há uma casca esférica com seu centro em repouso em relação a S e coincidindo com sua origem. Além disto, suponha que esta casca esférica está girando em relação a este referencial. Suponha também que há um corpo de prova dentro da casca movendo-se em relação a este referencial. A força gravitacional exercida pela casca sobre o corpo de prova na mecânica relacional já foi obtida anteriormente, com uma componente tipo centrífuga e outra do tipo de Coriolis.

Isto mostra que na mecânica relacional um corpo oco girando gera dentro dele uma força de Coriolis, que desvia os corpos em movimento no sentido desta rotação, e uma força radial centrífuga. Isto está completamente de acordo com o princípio de Mach. Como vimos, o efeito análogo na relatividade geral foi derivado por Thirring, mas com coeficientes errados em frente dos termos de Coriolis e centrífugo (isto é, com coeficientes não observados experimentalmente). Além disso, a relatividade geral prediz efeitos espúrios (as forças axiais) que nunca foram encontrados em qualquer experiência.

Analisamos agora a quarta conseqüência. Ela também segue imediatamente da mecânica relacional observando-se que a inércia de qualquer corpo, ou seja, a força $-m_g\vec{a}_{mU}$, foi obtida supondo-se a contribuição das galáxias distantes. Se fizermos estas galáxias desaparecer, o que é análogo a fazer $\rho_o = 0$ nas equações anteriores obtidas com a mecânica relacional (força do universo distante sobre um corpo de prova) não vão mais haver forças similares à newtoniana $m_i\vec{a}$ pois Φ ou A vão se anular. Ou seja, a inércia do corpo vai desaparecer.

Uma outra maneira de observar esta conseqüência na mecânica relacional é que todas as forças nesta teoria são baseadas em interações entre dois corpos materiais. Ou seja, não há força entre qualquer corpo e o "espaço". Fica então sem sentido falar do movimento de um único corpo num universo completamente vazio de outros corpos materiais. O sistema mais simples que podemos considerar é aquele composto de duas partículas.

Como já vimos, isto não ocorre na relatividade geral. Nesta teoria de Einstein um corpo num universo vazio de outros corpos ainda mantém toda sua inércia.

História da Mecânica Relacional

Agora que já apresentamos a mecânica relacional e os principais resultados obtidos com ela, mostramos em perspectiva os principais passos que levaram à sua descoberta.

Como já vimos, Leibniz, Berkeley e Mach visualizaram claramente os principais aspectos qualitativos de uma mecânica relacional. Mas nenhum deles a implementou quantitativamente. Apresentamos aqui uma breve história da implementação quantitativa da mecânica relacional. Para referências e uma discussão adicional, ver [assis 94a], [assis 95a] e [assis 98].

Gravitação

Embora Newton tenha tido as primeiras percepções sobre a gravitação em seus *Anni Mirabilis* de 1666-1667, a formulação clara e completa da gravitação universal parece só ter surgido em 1685, após uma correspondência com Hooke em 1879-1880, [cohen 80], Capítulo 5 e [cohen 81]. Sua força da gravitação apareceu publicada pela primeira vez apenas em seu livro *Principia* de 1687.

Hooke e outros tinham a idéia de uma força gravitacional caindo como o inverso do quadrado da distância entre o Sol e os planetas. Mas é incrível como Newton chegou na universalidade desta força e que ela deve ser proporcional ao produto das massas. Para chegar a este último resultado foi essencial sua terceira lei do movimento, a lei de ação e reação.

Newton defendia as idéias de espaço e tempo absolutos. Apesar deste fato, sua força gravitacional é a primeira expressão relacional que surgiu na ciência, descrevendo as interações entre os corpos. Ela depende apenas da distância entre os corpos interagentes e está direcionada ao longo da reta que os une.

A introdução da função potencial escalar na gravitação é devida a Lagrange (1736-1813) em 1777 e a Laplace (1749-1827) em 1782. A energia potencial gravitacional também é completamente relacional.

O paradoxo gravitacional que aparece com a lei de Newton num universo infinito foi descoberta por H. Seeliger e C. Neumann em 1895-1896. A solução que eles apresentaram foi introduzir um decaimento exponencial no potencial gravitacional devido a cada ponto material, [assis 92e] e [assis 94].

Eletromagnetismo

Coulomb chegou na força entre duas cargas pontuais em 1785. Ela tem a mesma forma que a força gravitacional de Newton, com o produto das cargas substituindo o produto das massas gravitacionais.

Ele também chegou numa expressão análoga relacionando a força entre dois pólos magnéticos.

Estas duas expressões também são completamente relacionais, já que têm a mesma estrutura que a força de Newton gravitacional. Parece que Coulomb chegou na força entre as cargas pontuais mais por analogia com a lei da gravitação de Newton do que por suas medidas duvidosas com a balança de torsão [heering 92]. Ele realizou apenas três medidas de atração e três de repulsão, mas seus resultados não puderam ser reproduzidos quando suas experiências foram repetidas recentemente. Além disto, ele nunca testou a proporcionalidade da força em relação ao produto das cargas. Mas no fim a lei de força que ele propôs provou ser extremamente precisa e satisfatória para explicar muitos fenômenos.

Em analogia com o potencial gravitacional proposto por Lagrange e Laplace, Poisson introduziu o potencial escalar no eletromagnetismo em 1811-1813.

Em 1820 Oersted descobriu experimentalmente o desvio de uma agulha magnetizada por um fio com corrente elétrica. Fascinado por este fato, Ampère realizou uma série de experiências clássicas e chegou no período entre 1820 a 1826 na sua expressão relacional para a força exercida entre dois elementos de corrente. Novamente esta força é completamente relacional. E mesmo aqui a influência de Newton foi muito grande, embora esta força seja muito mais complexa do que a newtoniana, já que a força de Ampère depende também dos ângulos entre os elementos de corrente e entre cada um deles e a reta os unindo. Para chegar nesta expressão Ampère assumiu explicitamente a proporcionalidade da força em $I_1 d\ell_1 I_2 d\ell_2$. Também assumiu que ela devia obedecer à lei de ação e reação com a força ao longo da reta ligando os elementos. Estes fatos não vieram de nenhuma de suas experiências. Mas como tinha acontecido com a força de Coulomb, a força de Ampère teve um sucesso enorme em explicar muitos fenômenos da eletrodinâmica.

Apresentamos aqui algumas afirmações de Ampère mostrando a grande influência exercida pela força gravitacional de Newton sobre ele. Citamos de seu principal trabalho com que coroa suas pesquisas: "Sobre a teoria matemática dos fenômenos eletrodinâmicos, deduzida experimentalmente". Este trabalho foi publicado nas Mémoires de l'Académie Royales des Sciences de Paris para o ano de 1823. Apesar desta data o volume só foi publicado em 1827. Na versão impressa foram incorporadas comunicações que ocorreram após 1823 e o artigo de Ampère é datado de 30 de agosto de 1826. Este trabalho já foi parcialmente traduzido para o inglês: [tricker 65], pp. 155-200. O artigo começa assim:

> A nova era na história da ciência marcada pelos trabalhos de Newton é não apenas a época da descoberta mais importante do homem sobre as causas dos fenômenos naturais, ela é também a época na qual o espírito humano abriu um novo caminho nas ciências que têm os fenômenos naturais como seu objeto de estudo.
>
> Até Newton, as causas dos fenômenos naturais foram procuradas quase que exclusivamente no impulso de um fluido desconhecido, que forçava as partículas dos materiais na mesma direção que suas próprias partículas; sempre que ocorria um movimento rotacional, era imaginado um vórtice na mesma direção.
>
> Newton nos ensinou que movimento deste tipo, assim como todos os movimentos na natureza, têm de ser reduzidos por cálculo a forças agindo entre duas par-

tículas materiais ao longo da linha reta entre elas, tal que a ação de uma sobre a outra seja igual e oposta à força que a última exerce sobre a primeira e, conseqüentemente, assumindo que estas duas partículas estejam associadas permanentemente, que nenhum movimento pode resultar de suas interações mútuas. É esta lei, confirmada hoje em dia por toda observação e por todo cálculo, que ele representou nos três axiomas no início do *Philosophiae naturalis principia mathematica*. Mas não era suficiente criar o conceito, a lei que governa a variação destas forças com as posições das partículas entre as quais elas agem tinha de ser encontrada ou, o que é a mesma coisa, o valor destas forças tinha de ser expresso por uma fórmula.

Newton estava longe de pensar que esta lei poderia ser descoberta de considerações abstratas, não importando quão plausíveis elas pudessem ser. Ele estabeleceu que tais leis devem ser deduzidas dos fatos observados ou, preferentemente, de leis empíricas, como aquelas de Kepler, que são apenas os resultados gerais de muitos fatos.

O caminho que Newton seguiu foi o de observar inicialmente os fatos, variando as condições tanto quanto possível, acompanhando isto com medidas precisas, para deduzir leis gerais baseadas apenas na experiência e deduzir delas, independentemente de todas as hipóteses no que diz respeito à natureza das forças que produzem os fenômenos, o valor matemático destas forças, isto é, derivar a fórmula que as representa. Este foi o enfoque adotado geralmente pelos homens cultos da França a quem a física deve o imenso progresso que foi feito nos tempos recentes e, similarmente, ele me guiou em todas as minhas pesquisas sobre os fenômenos eletrodinâmicos. Baseei-me apenas na experimentação para estabelecer as leis dos fenômenos e delas derivei a única fórmula que pode representar as forças que são produzidas; não investiguei a possível causa destas forças, convencido de que toda pesquisa desta natureza tem de proceder de um conhecimento experimental puro das leis e do valor, determinado apenas por dedução destas leis, das forças individuais na direção que é, necessariamente, ao longo da linha reta ligando os pontos materiais entre os quais ela age. (...)

Aqui vai o início de sua explicação de como chegou em sua fórmula descrevendo a força entre elementos de corrente ([tricker 65], p. 172):

Explicarei agora como deduzir rigorosamente a partir destes casos de equilíbrio a fórmula pela qual represento a ação mútua de dois elementos de corrente voltaica, mostrando que esta é a única força que, agindo ao longo da linha reta conectando seus pontos médios, pode concordar com os fatos da experiência. Em primeiro lugar, é evidente que a ação mútua de dois elementos de corrente elétrica é proporcional a seus comprimentos; pois, assumindo-os divididos em partes infinitesimais iguais ao longo de seus comprimentos, todas as atrações e repulsões de suas partes podem ser consideradas como direcionadas ao longo de uma única linha reta, de tal forma que elas necessariamente se adicionam. Esta ação tem também de ser proporcional às intensidades das duas correntes. (...)

É evidente a influência da lei de Newton da gravitação aqui, já que Ampère assumiu a força como estando ao longo da linha reta ligando os elementos $(\hat{r})$ e proporcional a $I_1 d\ell_1 I_2 d\ell_2$. Ele então continuou derivando a partir de suas experiências que esta força entre elementos de corrente tem de cair com o inverso do quadrado da distância entre eles e tem de ser proporcional a $2(d\vec{\ell}_1 \cdot d\vec{\ell}_2) - 3(\hat{r} \cdot d\vec{\ell}_1)(\hat{r} \cdot d\vec{\ell}_2)$.

O primeiro a testar diretamente o fato de que a força era proporcional ao produto das correntes foi W. Weber em 1846-1848, [weber 46], [weber 48] e [weber 66]. Com este fim ele mediu diretamente as forças entre circuitos com corrente, utilizando o eletrodinamômetro que ele próprio inventou. Ampère nunca mediu as forças diretamente e utilizava apenas métodos de equilíbrio nulos que não geravam forças resultantes.

No que diz respeito a energia de interação entre dois elementos de corrente, já houve muitas propostas (ver [woodruff 68], [wise 81], [archibald 89] e [graneau 85]). O importante a ressaltar aqui é que todas elas são relacionais, dependendo da distância entre os dois elementos.

Ao tentar unificar a eletrostática com a eletrodinâmica, de forma a poder derivar as forças de Coulomb e de Ampère de uma única expressão, W. Weber propôs em 1846 sua lei de força entre cargas elétricas quando há um movimento relativo entre elas. Em 1848 ele propôs uma energia de interação de onde esta força poderia ser derivada.

Estas duas expressões são mais uma vez completamente relacionais. Apesar deste fato elas apresentam grandes diferenças quando comparadas com a lei de Newton da gravitação, devido à dependência na velocidade e na aceleração entre os corpos. Esta foi a primeira vez na física que se propôs uma força que dependia da velocidade e aceleração entre os corpos interagentes. Mais tarde surgiram muitas outras propostas no eletromagnetismo descrevendo a força entre cargas pontuais como a de Gauss (desenvolvida em 1835 mas publicada apenas em 1877), a de Riemann (desenvolvida em 1858 mas publicada apenas em

1867), a de Clausius em 1876, a de Ritz em 1908 etc. Além das diferenças nas formas, há uma grande distinção entre a expressão de Weber e todas estas outras: só a força de Weber é completamente relacional, dependendo apenas da distância, velocidade radial relativa e aceleração radial relativa entre as cargas pontuais e tendo assim o mesmo valor para todos os observadores e sistemas de referência. Por outro lado as outras expressões dependem da velocidade e aceleração das cargas ou em relação a um referencial ou meio privilegiado como o éter, ou em relação ao observador ou sistema de referência. Também a força de Lorentz de 1895 pôde ser escrita na forma de uma interação entre cargas pontuais a partir dos trabalhos de Lienard, Wiechert, Schwarzschild e Darwin. Quando isto é feito também aparecem velocidades e acelerações das cargas em relação ao éter (como pensava Lorentz) ou em relação aos observadores ou sistemas de referência inerciais (interpretação introduzida por Einstein). Isto é, mais uma vez não é a velocidade e aceleração entre as cargas que interessa, mas sim o movimento delas em relação a algo externo, seja este algo externo um meio material, um observador, ou um sistema de referência. Apenas a eletrodinâmica de Weber é completamente relacional. Por isto ela é a única compatível com a mecânica relacional apresentada neste livro.

Em 1872 Helmholtz obteve que a energia de uma carga teste q interagindo com uma casca esférica dielétrica de raio R carregada uniformemente com uma carga Q de acordo com a eletrodinâmica de Weber é dada por, [helmholtz 72]:

$$U_{qQ} = \frac{qQ}{4\pi\varepsilon_o}\frac{1}{R}\left(1 - \frac{v^2}{6c^2}\right)$$

Uma expressão análoga obtida com uma lei de Weber aplicada à gravitação é a chave para a implementação do princípio de Mach, como já vimos. Deve se lembrar que as idéias de Mach sobre a mecânica tinham sido publicadas desde 1868. Fazendo uma analogia com o cálculo de Helmholtz, aplicando-o para uma energia potencial gravitacional weberiana e sendo as estrelas fixas e galáxias distantes consideradas como um conjunto de cascas esféricas ao redor do sistema solar, esta energia de interação fica sendo exatamente a energia cinética da mecânica newtoniana. Mas Helmholtz sempre teve um ponto de vista negativo em relação à eletrodinâmica de Weber. Ao invés de considerar este resultado que ele mesmo obteve como uma sugestão para a origem da energia cinética mecânica, ele apresentou este resultado como uma falha da eletrodinâmica de Weber. Maxwell apresentou as críticas de Helmholtz à eletrodinâmica de Weber em seu *Treatise* de 1873, [maxwell 54], Volume 2, Capítulo 23. Ele também não percebeu que o resultado de Helmholtz era a chave para desvendar o enigma da inércia. O mesmo pode ser dito de todos os leitores de Maxwell no final do século passado e durante todo este século, pois tinham disponíveis não apenas este resultado de Helmholtz mas também os livros de Mach. Discutimos isto em detalhes em [assis 94], Seção 7.3 (Casca Esférica Carregada) e não entraremos em maiores detalhes aqui. Diremos apenas que Helmholtz e Maxwell perderam uma chance de ouro para criar a mecânica relacional utilizando um resultado análogo a este na gravitação. Felizmente Schrödinger e outros reobtiveram resultados similares e estavam preparados para retirar todas as conseqüências importantes destes fatos.

Lei de Weber Aplicada para a Gravitação

Devido ao grande sucesso da eletrodinâmica de Weber em explicar os fenômenos da eletrostática (através da força de Coulomb) e da eletrodinâmica (força de Ampère, lei de indução de Faraday etc.), algumas pessoas tentaram aplicar uma expressão análoga para a gravitação. Era o pêndulo oscilando de volta. Após a grande influência da lei da gravitação universal de Newton sobre Coulomb e Ampère, chegou o tempo de a gravitação passar a ser influenciada pelo eletromagnetismo.

O primeiro a propor uma lei de Weber para a gravitação parece ter sido G. Holzmuller em 1870, [north 65], p. 46. Então em 1872 Tisserand estudou uma força de Weber aplicada para a gravitação e sua aplicação na precessão do periélio dos planetas. O problema de dois corpos na eletrodinâmica de Weber tinha sido resolvido exatamente por Seegers em 1864, em termos de funções elípticas, [north 65], p. 46. Mas Tisserand resolveu o problema de dois corpos por aproximações iterativas.

Outras pessoas também trabalharam com uma lei de Weber aplicada para a gravitação, aplicando-a ao problema da precessão do periélio dos planetas: Paul Gerber em 1898 e 1917, Erwin Schrödinger em 1925, Eby em 1977 e nós mesmos em 1989: [gerber 98], [gerber 17], [schrodinger 25], [eby 77] e [assis 89a]. Curiosamente nenhum destes autores (com exceção do nosso artigo) estava ciente da existência da eletrodinâmica de Weber. Gerber estava trabalhando com idéias de tempo retardado e trabalhou na formulação lagrangiana. Schrödinger estava tentando implementar o princípio de Mach com uma teoria relacional. Eby estava seguindo os trabalhos de Barbour e Bertotti sobre o princípio de Mach e também trabalhou com a formulação lagrangiana.

Poincaré discutiu o trabalho de Tisserand sobre uma lei de Weber aplicada para a gravitação em 1906-1907, [poincare 53], pp. 125 e 201-203. Os trabalhos de Gerber foram criticados por Seeliger, que estava ciente da eletrodinâmica de Weber, [seeliger 17].

Para referências sobre outras pessoas trabalhando com uma lei de Weber aplicada para a gravitação na segunda metade deste século, ver [assis 94], Seção 7.5.

Deve ser enfatizado que o próprio Weber considerou a aplicação de sua força para a gravitação. Trabalhando em colaboração com F. Zollner nas décadas de 1870 e 1880, ele aplicou as idéias de Young e Mossotti de derivar a gravitação do eletromagnetismo (não temos certeza se eles têm trabalhos neste sentido anteriores aos de Holzmuller em 1870 e de Tisserand em 1872). Mas ao invés de trabalhar com a força de Coulomb, eles empregaram a força de Weber entre cargas elétricas. Assim, o resultado final que obtiveram foi uma lei de Weber para a gravitação em vez de simplesmente uma lei de Newton gravitacional, como tinham obtido Young e Mossotti: [woodruff 76] e [wise 81].

Com exceção de Schrödinger e Eby, os outros autores que trabalharam com uma lei de Weber aplicada para a gravitação citados aqui não estavam preocupados em implementar o princípio de Mach.

Mecânica Relacional

Mach sugeriu que a inércia de um corpo devia estar ligada com a matéria distante e especialmente com as estrelas fixas (em seu tempo as galáxias externas ainda não eram conhecidas). Ele não discutiu ou enfatizou a proporcionalidade entre as massas inerciais e gravitacionais. Ele não disse que a inércia deveria estar ligada com uma interação *gravitacional* com as massas distantes. E ele não propôs nenhuma lei de força específica para implementar suas idéias quantitativamente (mostrando, por exemplo, que um conjunto de estrelas girando como um todo geraria forças centrífugas). Contudo, seu livro *A Ciência da Mecânica* foi extremamente influente no que diz respeito à física, muito mais do que os escritos de Leibniz e Berkeley. Ele foi publicado em 1883 e a partir desta data as pessoas começaram a tentar implementar suas idéias intuitivas, que eram muito atraentes.

Os primeiros a propor uma lei de Weber para a gravitação com o intuito de implementar o princípio de Mach parecem ter sido os irmãos Friedlander em 1896. Esta sugestão apareceu numa nota de rodapé na página 17 do livro de ambos, [friedlanderfriedlander 96]. Há uma tradução parcial para o inglês deste trabalho em [friedlanderfriedlander 95]. Esta foi apenas uma sugestão que não chegou a ser desenvolvida. Apesar deste fato, ela foi importante em pelo menos dois sentidos: eles foram os primeiros a sugerir num texto impresso que a inércia é devida a uma interação *gravitacional* e eles propuseram a lei de Weber como o tipo de interação com a qual deve se trabalhar.

Em 1904 W. Hofmann propôs substituir a energia cinética $m_i v^2/2$ por uma interação entre dois corpos dada por

$$L = kMmf(r)v^2,$$

sendo k uma constante, $f(r)$ alguma função da distância entre os corpos e sendo v a velocidade relativa entre eles. Há uma tradução parcial para o inglês deste trabalho de Hofmann em [hofmann 95]. A energia cinética usual seria obtida após integrar L sobre todas as massas no universo, [norton 95]. Hofmann não completou a implementação desta idéia qualitativa. Seu trabalho é importante porque ele está considerando uma interação do tipo da de Weber para chegar na energia cinética, embora ele não tenha especificado a função $f(r)$. Ele também parece que não conhecia a eletrodinâmica de Weber.

Embora Einstein tenha sido grandemente influenciado pelo livro de Mach sobre a mecânica, ele não tentou empregar uma expressão relacional para a energia ou força entre massas. Ele nunca mencionou a força ou a energia potencial de Weber. Todos aqueles que se deixaram levar pela linha de raciocínio de Einstein ficaram muito longe da mecânica relacional. Por este motivo não os consideraremos aqui.

Após os Friedlander e Hofmann, uma outra pessoa importante tentando implementar o princípio de Mach utilizando quantidades relacionais foi Reissner. Sem estar ciente do trabalho de Weber, ele chegou independentemente a uma energia potencial muito similar à de Weber aplicada para a gravitação, [reissner 14] e [reissner 15]. Há uma tradução completa para o inglês deste artigo de 1914 em [reissner 95a] e uma parcial do artigo de 1915 em [reissner 95b]. Infelizmente, de 1916 em diante ele começou a desenvolver as idéias de Einstein e não trabalhou mais com grandezas relacionais.

Erwin Schrödinger tem um artigo muito importante de 1925, onde ele chegou nos principais resultados da mecânica relacional, [schrodinger 25]. Este artigo já se encontra traduzido para o português e para o inglês, [xavierassis 94] e [schrodinger 95].

Infelizmente ele não trabalhou mais ao longo destas linhas após este trabalho, nem tinha publicado nada antes sobre o assunto. Este foi um de seus últimos trabalhos antes dos artigos famosos sobre a mecânica quântica, onde desenvolveu a assim chamada equação de Schrödinger e o enfoque ondulatório para a mecânica quântica. O enorme sucesso destes artigos pode explicar por que ele não retornou ao seu artigo sobre o princípio de Mach. Um outro motivo pode ter sido o fato de que ele se converteu às teorias de Einstein da relatividade. Este artigo de 1925 também não foi seguido ou desenvolvido por outras pessoas e ficou essencialmente esquecido nos setenta anos seguintes. Só encontramos uma referência a ele, num artigo de 1987: [mehra 87]. Mesmo assim havia apenas uma simples menção relacionada com este artigo na p. 1157. Há também uma pequena discussão sobre ele no livro [mehrarechenberg 87]. Foi apenas em 1993 que este artigo fundamental de Schrödinger começou a ser redescoberto por outras pessoas. Julian Barbour nos contou sobre este artigo em julho de 1993, tendo sido ele próprio informado sobre sua existência um pouco antes por Domenico Giulini, que o notou nas obras completas de Schrödinger (comunicação particular de Julian Barbour). Este artigo foi então discutido na conferência sobre o princípio de Mach que ocorreu em Tübbingen, na Alemanha, em 1993. Desde 1993 pode-se dizer que este artigo saiu do esquecimento.

Neste artigo Schrödinger diz que quer implementar as idéias de Mach. Ele menciona o fato de que a teoria da relatividade geral de Einstein não implementa estas idéias e por este motivo ele tenta um enfoque diferente. Tomando a forma da energia cinética como guia, ele propõe heuristicamente uma forma modificada da energia potencial newtoniana do tipo da de Weber. Para chegar nesta expressão ele enfatiza explicitamente o aspecto de que qualquer energia de interação deve depender apenas da distância e velocidade relativas entre as partículas interagentes, para assim ser coerente com as idéias de Mach. Isto é, velocidades absolutas não devem aparecer, apenas grandezas relacionais. Curiosamente ele nunca menciona o nome de Weber ou a sua lei, embora ele fosse uma pessoa com conhecimento da língua alemã. Ele integra esta energia para uma casca esférica de massa interagindo com uma massa pontual interna próxima do centro e movendo-se em relação a ele com uma velocidade v. Com isto obtém o resultado aproximado:

$$U = -G\frac{mM}{R}\left(1 - \frac{\gamma v^2}{3}\right)$$

Ele não sabia disto, mas este resultado aproximado é válido exatamente qualquer que seja a posição da partícula teste no interior da casca, como Helmholtz havia mostrado em 1872 (trabalhando com cargas ao invés de massas, mas a conseqüência é a mesma). Schrödinger identifica este resultado com a energia cinética do corpo de prova e chega nos principais resultados da mecânica relacional, a saber: proporcionalidade entre as massas inerciais e gravitacionais, o melhor referencial inercial é o referencial das massas distantes etc. Ele então considera um problema de "dois corpos" (o Sol, um planeta e as massas distantes) e chega na precessão do periélio dos planetas. Como vimos, outros haviam chegado neste resultado antes dele, mas ele não cita ninguém. Para chegar no resultado einsteiniano que se sabia concordar com os dados observacionais, Schrödinger obtém $\gamma = 3/c^2$. Ele então integra o resultado da casca esférica para todo o universo, supondo uma densidade de matéria constante, obtendo uma expressão análoga à energia cinética clássica. Obtém também uma relação entre G, R_o, c e ρ_o. É curioso observar que a existência de galáxias externas tinha acabado de ser confirmada por E. Hubble em 1924. Até então muitos pensavam que todo o universo era apenas a nossa galáxia. A lei de Hubble para os desvios para o vermelho só apareceu em 1929. A relação entre as constantes fundamentais foi redescoberta por Sciama em 1953, por Edwards em 1974, por Eby em 1977 e por nós mesmos em 1989: [sciama 53], [edwards 74], [eby 77] e [assis 89a].

Schrödinger vai então um passo além. Ele toma a energia cinética como uma aproximação para baixas velocidades e supõe a energia cinética relativística como uma relação empírica. Para derivar esta energia ele modifica a energia potencial de Weber (que na prática era o que estava empregando, sem citar o nome de Weber), com termos de ordem superior em v/c. Após integrá-la para as massas distantes, Schrödinger obteve analogamente ao procedimento anterior uma expressão como a energia cinética relativística.

Este artigo de Schrödinger é extremamente importante e a maioria dos resultados relevantes da mecânica relacional está contida nele. É impressionante que ele não tenha continuado ao longo deste enfoque e que outros não tenham percebido quão importante era este trabalho e quão longe iam suas conseqüências. Se o paradigma da relatividade geral não tivesse sido tão dominante, a mecânica relacional poderia ter sido aceita como uma teoria completamente desenvolvida setenta anos atrás.

O que Schrödinger não mostrou foi que girando a casca esférica obtemos as forças centrífuga e de Coriolis. Embora esteja implícito em seu trabalho a proporcionalidade entre as massas inerciais e gravitacionais, não enfatizou nem explorou este aspecto. Não discutiu o achatamento da Terra, o pêndulo de Foucault, a experiência do balde de Newton, nem outros aspectos fundamentais de uma implementação completa do princípio de Mach. Também não discutiu nem mencionou o princípio de equilíbrio dinâmico. Além de tudo isto, abandonou esta linha de pesquisa após este único artigo, passando a trabalhar com a teoria da relatividade geral de Einstein desde então.

Não temos conhecimento de qualquer teoria relacional tentando implementar o princípio de Mach nos cinqüenta anos seguintes ao trabalho de Schrödinger. Embora tenham havido alternativas para a relatividade geral, elas foram na maioria das vezes modeladas com base no trabalho de Einstein e assim mantiveram a maior parte dos defeitos da teoria de Einstein (quantidades absolutas, inércia em relação ao espaço, forças dependentes do observador ou do referencial etc.).

Somente em 1974 Edwards foi levado a trabalhar com grandezas relacionais como $\dot{r}$ etc. por analogias entre o eletromagnetismo e a gravitação [edwards 74]. Ele não estava ciente do trabalho de Schrödinger. Ele afirma que seu "enfoque emprega algumas das idéias básicas das teorias eletromagnéticas de Weber e Riemann". Ele chama atenção para uma explicação possível interessante para a origem das forças de ligação dentro das partículas fundamentais e dos núcleos, utilizando o fato de que uma força de Weber aplicada ao eletromagnetismo depende da aceleração entre as cargas. Isto significa que a massa inercial efetiva de uma partícula carregada vai depender de sua energia potencial eletrostática, de forma que esta massa inercial efetiva pode se tornar negativa sob certas condições. Como conseqüência disto, cargas negativas poderiam se atrair quando estas condições fossem satisfeitas. Como já vimos, Helmholtz tinha chegado nestas idéias de massas efetivas dependentes da energia potencial cem anos antes, [assis 94]. Infelizmente Edwards não publicou mais ao longo desta linha de pesquisa: de implementar o princípio de Mach a partir de uma força de Weber aplicada para a gravitação.

Ao mesmo tempo, Barbour e depois Barbour e Bertotti trabalhavam com grandezas relacionais, derivadas intrínsecas e com a configuração espacial relativa do universo [barbour 74], [barbourbertotti 77] e [barbourbertotti 82]. Infelizmente eles hoje seguem mais o enfoque einsteiniano.

Eby seguiu as idéias de Barbour e trabalhou com uma energia lagrangiana aplicada para a gravitação [eby 77]. Ele calculou a precessão do periélio dos planetas com sua lagrangiana e também implementou o princípio de Mach. Mais uma vez ele não estava ciente da eletrodinâmica de Weber nem do artigo de Schrödinger. Num artigo seguinte, Eby considerou a precessão de um giroscópio com seu modelo e mostrou que há previsões diferentes entre a mecânica relacional e a teoria da relatividade de Einstein nas precessões geodésicas e devidas ao movimento [eby 79]. Seu trabalho também não foi seguido por outros pesquisadores.

Nosso próprio trabalho sobre a mecânica relacional se desenvolveu durante 1988 e foi publicado em diversos lugares [assis 89a], [assis 92e], [assis 92g], [assis 93b], [assis 93c], [assis 94] e [assis 98]. Não tivemos conhecimento do artigo de Schrödinger até 1993. De acordo com nosso conhecimento da literatura até o momento, fomos os primeiros a obter a força de Weber exercida por uma casca esférica girando sobre uma partícula movendo-se em seu interior [assis 89a]. Isto é, fomos os primeiros a implementar quantitativamente a idéia de Mach de que um universo distante girando vai gerar forças centrífuga e de Coriolis reais. Não temos conhecimento de qualquer pessoa que tenha derivado antes de nós este resultado fundamental. Fomos também os primeiros a derivar a expressão para a energia de Weber de uma casca esférica girando, interagindo com uma partícula movendo-se em seu interior [assis 94], Seções 7.3 e 7.7. Helmholtz e Schrödinger obtiveram este resultado anteriormente apenas no caso particular em que a casca não girava. Fomos também os primeiros a introduzir o decaimento exponencial na energia potencial de Weber [assis 92e].

No que diz respeito ao princípio de equilíbrio dinâmico, Sciama parece ter sido o primeiro a supor uma forma particular deste princípio, [sciama 53]. A primeira limitação de sua formulação de que a soma de todas as forças sobre qualquer corpo é nula foi que ele a supôs válida apenas para interações gravitacionais, enquanto que nós a aplicamos para todos os tipos de interação. Mas muito mais sério do que isto foi o fato de que ele restringiu a validade de seu postulado apenas ao referencial de repouso do corpo de prova que sente a interação, enquanto que nós supomos este princípio válido em todos os sistemas de referência. O motivo para sua suposição limitada é muito simples. Ele utilizou como sua lei de força uma expressão similar à força de Lorentz aplicada para a gravitação, força esta que certamente não é relacional. Além do mais, como é bem conhecido, a força de Lorentz depende da posição e velocidade do corpo de prova, mas não de sua aceleração. Quando o corpo de prova era acelerado em relação às galáxias distantes, Sciama era capaz de derivar no referencial do corpo de prova (isto é, num referencial sempre fixo ao corpo de prova) que as galáxias distantes exerceriam uma força sobre o corpo de prova com massa gravitacional m_g, dada por $m_g\vec{a}_{Um}$, onde $\vec{a}_{Um}$ é a aceleração do conjunto de galáxias distantes em relação ao corpo de prova. Mas no referencial das galáxias distantes não há força exercida por elas sobre o corpo de prova acelerado, pelo menos de acordo com a expressão de Sciama! Isto é, se estamos no referencial universal (fixo em relação ao conjunto de galáxias distantes) e calculamos a força gravitacional exercida por estas galáxias sobre um corpo de prova que está acelerado em relação a elas, obtemos um resultado nulo com a força gravitacional de Sciama (análoga à força de Lorentz eletromagnética), não interessando a aceleração do corpo de prova em relação às galáxias. Isto é devido ao fato de que a força de Lorentz não é relacional, fornecendo resultados diferentes em diferentes sistemas de referência. Isto também é devido ao fato de que ela depende da aceleração do corpo fonte (que gera os campos ou as forças), mas não da aceleração do corpo de prova, ver [assis 92d], [assis 93a], [assis 94], Seções 6.4 e 7.3. Isto significa que ele não pôde implementar o princípio de Mach em toda sua generalidade. Em primeiro lugar, ele não trabalhou com grandezas relacionais. Ele também não conseguiu derivar a segunda lei de Newton no referencial das galáxias distantes, onde se sabe que ela é válida. A primeira apresentação do princípio de equilíbrio dinâmico em toda sua generalidade, onde também se derivaram todas as conseqüências importantes dele, ocorreu apenas em nosso artigo de 1989 [assis 89a].

Recentemente Wesley desenvolveu uma energia potencial similar à de Schrödinger, com o intuito de implementar a mecânica de Kaufmann [wesley 90].

Esperamos que daqui por diante muitas outras pessoas se envolvam com a mecânica relacional, desenvolvendo suas propriedades e conseqüências. Foi por este motivo que este livro foi escrito, de tal forma que outros possam participar na história deste assunto fascinante.

Conclusões

Acreditamos fortemente na Mecânica Relacional. Com este livro esperamos transmitir suas principais características, para que outros possam compreender o desenvolvimento da física até aqui e com isto comparar as diversas formulações já apresentadas. Com isto estarão aptos a escolher conscientemente com qual formulação vão trabalhar daqui por diante.

Peter Graneau é um dos cientistas que viu o poder deste enfoque e que expressou seus pontos de vista publicamente. [graneau 90a], [graneau 90b], [graneau 90c], [graneau 90d], [graneau 90e] e [graneaugraneau 93], Capítulo 3, The Riddle of Inertia. Outras pessoas que podemos mencionar são Wesley ([wesley 90] e [wesley 91], Capítulo 6) e Zylbersztajn ([zylbersztajn 94].

Acreditamos que os três postulados da mecânica relacional não precisarão ser modificados. Por outro lado, descobertas experimentais podem nos obrigar a alterar a lei de Weber aplicada ao eletromagnetismo ou gravitação. Por exemplo, pode ser que seja necessário introduzir termos que dependem de d^3r/dt^3 , d^4r/dt^4 etc. Potências maiores do que 2 elevando cada derivada temporal podem também ser necessárias. A necessidade ou não do decaimento exponencial na gravitação (o mesmo valendo para o eletromagnetismo) precisa ser confirmado experimentalmente. Mas as principais linhas sobre como abordar os problemas futuros já foram estabelecidas: não ter espaço e tempo absolutos; só devem aparecer grandezas relacionais; todas as forças devem vir de interações entre corpos materiais; para partículas pontuais, as forças devem estar direcionadas ao longo da reta que as unem e devem obedecer ao princípio de ação e reação; as forças só podem depender de grandezas intrínsecas ao sistema e não do movimento do observador ou do referencial etc.

Newton criou a melhor mecânica possível em seu tempo. Ele entendeu claramente a diferença conceitual entre inércia e peso (ou entre massa gravitacional e inercial). Ele conhecia o resultado de Galileo da igualdade da aceleração em queda livre e realizou uma experiência extremamente precisa com pêndulos, que mostrou que a inércia de um corpo é proporcional ao seu peso com uma parte em mil. Embora ele não pudesse explicar esta proporcionalidade, ele foi um gigante ao perceber a importância deste fato e ao realizar uma experiência tão precisa. Ele introduziu a lei de gravitação universal que cai com o inverso do quadrado da distância e provou dois teoremas capitais: uma casca esférica atrai uma partícula material externa como se toda a casca estivesse concentrada em seu centro e não exerce nenhuma força sobre uma partícula interna, qualquer que seja sua posição (ambos os teoremas sendo válidos quaisquer que fossem o estado de movimento da partícula teste ou a rotação da casca). Ele realizou a experiência fundamental do balde e observou que a concavidade da água não era devida à sua rotação em relação ao balde. Devido aos seus dois teoremas mencionados acima ele acreditava que esta concavidade da água não podia ser devida à sua rotação em relação à Terra ou às estrelas fixas. Ele não tinha outra alternativa para explicar esta experiência a não ser dizer que ela provava a existência de um espaço absoluto desvinculado da matéria. Foi apenas cento e sessenta anos depois que Weber propôs uma lei de força dependendo da aceleração relativa entre os corpos. Esta força aplicada para a gravitação mostrou que o universo distante exerce uma força gravitacional sobre os corpos acelerados em relação a ele e proporcional a suas massas e acelerações. Isto finalmente explicou a proporcionalidade entre a inércia e o peso. Isto também explicou a concavidade na superfície da água como sendo devida à sua rotação relativa em relação ao universo distante, como havia sugerido Mach. Mostrou-se também que a força centrífuga é uma força gravitacional real, que aparece quando o universo distante gira ao redor do corpo de prova.

Agora que obtivemos a compreensão clara e satisfatória destes fatos fundamentais da mecânica clássica, a melhor coisa a fazer é ir em frente seguindo este enfoque relacional. Vamos entrar num novo mundo!

Bibliografia

[archibald89] T. Archibald. Energy and the mathematization of electrodynamics in Germany, 1845-1875. Archives Internationales d'Histoire des Sciences, 39: 276-308, 1989.

[assis89a] A. K. T. Assis. On Mach's principle. Foundations of Physics Letters, 2: 301-318, 1989.

[assis89b] A. K. T. Assis. Weber's law and mass variation. Physics Letters A, 136: 277-280, 1989.

[assis90a] A. K. T. Assis. Deriving Ampère's law from Weber's law. Hadronic Journal, 13: 441-451, 1990.

[assis90b] A. K. T. Assis. Modern experiments related to Weber's electrodynamics. In: U. Bartocci and J. P. Wesley (eds.), Proceedings of the Conference on Foundations of Mathematics and Physics, pp. 8-22, Blumberg, Germany, 1990. Benjamin Wesley Publisher.

[assis91a] A. K. T. Assis. Wilhelm Eduard Weber (1804-1891) - Sua vida e sua obra. Revista da Sociedade Brasileira de História da Ciência, 5: 53-59, 1991.

[assis91b] A. K. T. Assis. Can a steady current generate an electric field? Physics Essays, 4: 109-114, 1991.

[assis92a] A. K. T. Assis. Curso de Eletrodinâmica de Weber. Setor de Publicações do Instituto de Física da Universidade Estadual de Campinas - UNICAMP, Campinas, 1992. Notas de Física IFGW Número 5.

[assis92b] A. K. T. Assis. On the mechanism of railguns. Galilean Electrodynamics, 3: 93-95, 1992.

[assis92c] A. K. T. Assis. On forces that depend on the acceleration of the test body. Physics Essays, 5: 328-330, 1992.

[assis92d] A. K. T. Assis. Centrifugal electrical force. Communications in Theoretical Physics, 18: 475-478, 1992.

[assis92e] A. K. T. Assis. On the absorption of gravity. Apeiron, 13: 3-11, 1992.

[assis92f] A. K. T. Assis. On Hubble's law of redshift, Olbers' paradox and the cosmic background radiation. Apeiron, 12: 10-16, 1992.

[assis92g] A. K. T. Assis. Deriving gravitation from electromagnetism. Canadian Journal of Physics, 70: 330-340, 1992.

[assis92h] A. K.T.Assis.Teorias de ação a distância - Uma tradução comentada de um texto de James Clerk Maxwell. Revista da Sociedade Brasileira de História da Ciência, 7: 53-76, 1992.

[assis93a] A. K.T.Assis. Changing the inertial mass of a charged particle. Journal of the Physical Society of Japan, 62: 1418-1422, 1993.

[assis93b] A. K.T.Assis. Compliance of a Weber's force law for gravitation with Mach's principle. In: P. N. Kropotkin et al. (eds.), Space and Time Problems in Modern Natural Science, Part II, pp. 263-270, St.-Petersburg, 1993.Tomsk Scientific Center of the Russian Academy of Sciences. Series:"The Universe Investigation Problems", Issue 16.

[assis93c] A. K.T.Assis.A steady-state cosmology. *In*: H. C.Arp, C. R. Keys and K. Rudnicki (eds.), Progress in New Cosmologies: Beyond the Big Bang, pp. 153-167, New York, 1993. Plenum Press.

[assis94] A. K. T. Assis. Weber's Electrodynamics. Kluwer Academic Publishers, Dordrecht, 1994. ISBN: 0-7923-3137-0.

[assis95a] A. K.T.Assis. Eletrodinâmica de Weber - Teoria,Aplicações e Exercícios. Editora da Universidade Estadual de Campinas - UNICAMP, Campinas, 1995. ISBN: 85-268-0358-1.

[assis95b] A. K.T.Assis.Acceleration dependent forces: reply to Smulsky.Apeiron, 2: 25, 1995.

[assis95c] A. K.T.Assis.Weber's law and Mach's principle. In: J. B. Barbour and H. Pfister (eds.), Mach's Principle - From Newton's Bucket to Quantum Gravity, pp. 159-171, Boston, 1995. Birkhäuser.

[assis95d] A. K. T. Assis. Weber's force versus Lorentz's force. Physics Essays, 8: 335-341, 1995.

[assis95e] A. K.T.Assis. Gravitation as a fourth order electromagnetic effect. In:T. W. Barrett and D. M. Grimes (eds.), Advanced Electromagnetism: Foundations,Theory and Aapplications, pp. 314-331, Singapore, 1995.World Scientific.

[assis95f] A. K. T. Assis. A eletrodinâmica de Weber e seus desenvolvimentos recentes. Ciência e Natura, 17: 7-16, 1995.

[assis97] A. K.T.Assis. Circuit theory in Weber electrodynamics. European Journal of Physics, 18: 241-246, 1997.

[assis98] A. K. T. Assis. Mecânica Relacional. Editora do Cle da Unicamp, Campinas, 1998. ISBN: 85-86497-01-0.

[assisbueno95] A. K.T.Assis and M.A. Bueno. Longitudinal forces in Weber's electrodynamics. International Journal of Modern Physics B, 9: 3689-3696, 1995.

[assisbueno96] A. K.T.Assis and M.A. Bueno. Equivalence between Ampère and Grassmann's forces. IEEE Transactions on Magnetics, 32: 431-436, 1996.

[assiscaluzi91] A. K.T.Assis and J. J. Caluzi. A limitation of Weber's law. Physics Letters A, 160: 25-30, 1991.

[assisclemente92] A. K.T.Assis and R.A. Clemente.The ultimate speed implied by theories of Weber's type. International Journal of Theoretical Physics, 31: 1063-1073, 1992.

[assisclemente93] A. K. T. Assis and R. A. Clemente. The influence of temperature on gravitation. Nuovo Cimento B, 108: 713-716, 1993.

[assisgraneau95] A. K. T. Assis and P. Graneau. The reality of Newtonian forces of inertia. Hadronic Journal, 18: 271-289, 1995.

[assisgraneau96] A. K. T. Assis and P. Graneau. Nonlocal forces of inertia in cosmology. Foundations of Physics, 26: 271-283, 1996.

[assisneves95a] A. K. T. Assis and M. C. D. Neves. History of the 2.7 K temperature prior to Penzias and Wilson. Apeiron, 2: 79-84, 1995.

[assisneves95b] A. K. T. Assis and M. C. D. Neves. The redshift revisited. Astrophysics and Space Science, 227: 13-24, 1995. This paper was also published in Plasma Astrophysics and Cosmology, A. L. Peratt (ed.), Kluwer Academic Publishers, Dordrecht, 1995, pp. 13-24.

[assispeixoto92] A. K. T. Assis and F. M. Peixoto. On the velocity in the Lorentz force law. The Physics Teacher, 30: 480-483, 1992.

[assisthober94] A. K. T. Assis and D. S. Thober. Unipolar induction and Weber's electrodynamics. In: M. Barone and F. Selleri (eds.), Frontiers of Fundamental Physics, pp. 409-414, New York, 1994. Plenum Press.

[barbour74] J. B. Barbour. Relative-distance Machian theories. Nature, 249: 328-329, 1974. Misprints corrected in Nature, vol. 250, p. 606, 1974.

[barbour89] J. B. Barbour. Absolute or Relative Motion?, volume 1: The Discovery of Dynamics. Cambridge University Press, Cambridge, 1989.

[barbourbertotti77] J. B. Barbour and B. Bertotti. Gravity and inertia in a Machian framework. Nuovo Cimento B, 38: 1-27, 1977.

[barbourbertotti82] J. B. Barbour and B. Bertotti. Mach's principle and the structure of dynamical theories. Proceedings of the Physical Society of London A, 382: 295-306, 1982.

[berkeley80] G. Berkeley. Tratado sobre os Princípios do Conhecimento Humano. In: V. Civita (ed.), Volume "Berkeley e Hume" da Coleção Os Pensadores, pp. 1-44, São Paulo, 2ª edição, 1980. Abril Cultural.

[berkeley92] G. Berkeley. De Motu – Of Motion, or the principle and nature of motion and the cause of the communication of motions. In: M. R. Ayers (ed.), George Berkeley's Philosophical Works, pp. 211-227, London, 1992. Everyman's Library.

[blackmore72] J. T. Blackmore. Ernst Mach – His Life, Work, and Influence. University of California Press, Berkeley, 1972.

[blackmore89] Ernst Mach leaves "the church of physics". British Journal for the Philosophy of Science, 40: 519-540, 1989.

[born53] M. Born. Theoretische bemerkungen zu Freundlich's formel für die stellare rotverschiebung. In: Nachrichten der Akademie der Wissenschaften in Göttingen Mathematisch-Physikalische Klasse, n. 7, pp. 102-108, Göttingen, 1953. Vandenhoeck & Ruprecht.

[born54] M. Born. On the interpretation of Freundlich's red-shift formula. Proceedings of the Physical Society A, 67: 193-194, 1954.

[borner88] G. Börner. The Early Universe – Facts and Fiction. Springer, Berlin, 1988.

[bradley29] J. Bradley. The discovery of the aberration of light. In: H. Shapley and H. E. Howarth (eds.), A Source Book in Astronomy, pp. 103-108, New York, 1929. McGraw-Hill.

[bradley35] J. Bradley. The velocity of light. In: W. F. Magie (ed.), A Source Book in Physics, pp. 337-340, New York, 1935. McGraw-Hill.

[brans62a] C. H. Brans. Mach's principle and the locally gravitational constant in general relativity. Physical Review, 125: 388-396, 1962.

[brans62b] C. H. Brans. Mach's principle and a relativistic theory of gravitation. II. Physical Review, 125: 2194-2201, 1962.

[buenoassis95] M. A. Bueno and A. K. T. Assis. A new method of inductance calculations. Journal of Physics D, 28: 1802-1806, 1995.

[buenoassis97a] M.A. Bueno and A. K.T. Assis. Equivalence between the formulas for inductance calculations. Canadian Journal of Physics, 75: 357-362, 1997.

[buenoassis97b] M.A. Bueno and A. K.T. Assis. Self-inductance of solenoids, bi-dimensional rings and coaxial cables. Helvetica Physica Acta, 70: 813-821, 1997.

[buenoassis97c] M. A. Bueno and A. K. T. Assis. Proof of the identity between Ampère and Grassmann's forces. Aceito para publicação em Physica Scripta, 56: 554-559, 1997.

[buenoassis97d] M. A. Bueno and A. K. T. Assis. On deriving force from inductance. IEEE Transactions on Magnetics, 34: 317-319, 1998.

[buenoassis98] M. A. Bueno and A. K. T. Assis. Cálculo de Indutância e de Força em Circuitos Elétricos. Editora da UFSC/Editora da UEM, Florianópolis/Maringá, 1998. ISBN: 85-328-0119-6.

[caluziassis95a] J. J. Caluzi and A. K. T. Assis. Schrödinger's potential energy and Weber's electrodynamics. General relativity and gravitation, 27: 429-437, 1995.

[caluziassis95b] J. J. Caluzi and A. K. T. Assis. An analysis of Phipps's potential energy. Journal of the Franklin Institute B, 332: 747-753, 1995.

[clementeassis91] R.A. Clemente and A. K.T. Assis. Two-body problem for Weber-like interactions. International Journal of Theoretical Physics, 30: 537-545, 1991.

[cohen40] I. B. Cohen. Roemer and the first determination of the velocity of light. Isis, 31:327-379, 1940.

[cohen80] I. B. Cohen. The Newtonian Revolution. Cambridge University Press, Cambridge, 1980.

[cohen81] I. B. Cohen. Newton's discovery of gravity. Scientific American, 244: 122-133, 1981.

[crane90] R. Crane. The Foucault pendulum as a murder weapon and a physicist's delight. The Physics Teacher, 28: 264-269, 1990.

[debroglie66] L. de Broglie. Sur le déplacement des raies émises par un objet astronomique lointain. Comptes Rendues de l'Academie des Sciences de Paris, 263: 589-592, 1966.

[dirac38] P. A. M. Dirac. A new basis for cosmology. Proceedings of the Royal Society of London A, 165: 199-208, 1938.

[eby77] P. B. Eby. On the perihelion precession as a Machian effect. Lettere al Nuovo Cimento, 18: 93-96, 1977.

[eby79] P. B. Eby. Gyro precession and Mach's principle. General Relativity and Gravitation, 11: 111-117, 1979.

[edwards74] W. F. Edwards. Inertia and an alternative approach to the theory of interactions. Proceedings of the Utah Academy of Science, Arts, and Letters, 51, Part 2: 1-7, 1974.

[einstein58] A. Einstein. O Significado da Relatividade. Arménio Armado, Coimbra, 1958.

[einstein78a] A. Einstein. Sobre a eletrodinâmica dos corpos em movimento. In: A. Einstein, H. Lorentz, H. Weyl e H. Minkowski, O Princípio da Relatividade, pp. 47-86, Lisboa, 2ª edição, 1978. Fundação Calouste Gulbenkian.

[einstein78b] A. Einstein. A inércia de um corpo será dependente do seu conteúdo energético? In: A. Einstein, H. Lorentz, H. Weyl e H. Minkowsky, O Princípio da Relatividade, pp. 87-90, Lisboa, 2ª edição, 1978. Fundação Calouste Gulbenkian.

[einstein78c] A. Einstein. Os fundamentos da teoria da relatividade geral. In: A. Einstein, H. Lorentz, H. Weyl e H. Minkowski, O Princípio da Relatividade, pp. 141-214, Lisboa, 2ª edição, 1978. Fundação Calouste Gulbenkian.

[einstein78d] A. Einstein. Considerações cosmológicas sobre a teoria da relatividade geral. In: A. Einstein, H. Lorentz, H. Weyl e H. Minkowski, O Princípio da Relatividade, pp. 225-241, Lisboa, 2ª edição, 1978. Fundação Calouste Gulbenkian.

[erlichson67] H. Erlichson. The Leibniz-Clarke controversy: absolute versus relative space and time. American Journal of Physics, 35: 89-98, 1967.

[faraday52] M. Faraday. Experimental Researches in Electricity, volume 45, pp. 257-866 of Great Books of the Western World. Encyclopaedia Britannica, Chicago, 1952.

[finlay-freundlich53] E. Finlay-Freundlich. Über die rotverschiebung der spektrallinien. In: Nachrichten der Akademie der Wissenschaften in Göttingen Mathematisch-Physikalische Klasse, n. 7, pp. 95-102, Göttingen, 1953. Vandenhoeck & Ruprecht.

[finlay-freundlich54a] E. Finlay-Freundlich. Red-shifts in the spectra of celestial bodies. Proceedings of the Physical Society A, 67: 192-193, 1954.

[finlay-freundlich54b] E. Finlay-Freundlich. Red shifts in the spectra of celestial bodies. Philosophical Magazine, 45: 303-319, 1954.

[foucault51a] L. Foucault. Démonstration physique du mouvement de rotation de la terre au moyen du pendule. Comptes Rendues de l'Academie des Sciences de Paris, Fev. 03: 135-138, 1851.

[foucault51b] L. Foucault. Physical demonstration of the rotation of the earth by means of the pendulum. Journal of the Franklin Institute, 21: 350-353, 1851.

[friedlanderfriedlander95] B. Friedlander and I. Friedlander. Absolute or relative motion? In: J. B. Barbour and H. Pfister (eds.), Mach's Principle, From Newton's Bucket to Quantum Gravity, pp. 114-119 and 309-311, Boston, 1995. Birkhäuser.

[friedlanderfriedlander96] B. Friedlander and I. Friedlander. Absolute oder Relative Bewegung? Leonhard Simion, Berlin, 1896.

[gen88] P. Gen. New insight into Olbers' and Seeliger's paradoxes and the cosmic background radiation. Chinese Astronomy and Astrophysics, 12: 191-196, 1988.

[gerber17] P. Gerber. Die fortpflanzuntgsgeschwindigkeit der gravitation. Annalen der Physik, 52: 415-444, 1917.

[gerber98] P. Gerber. Die räumliche und zeitliche ausbreitung der gravitation. Zeitschrift fur Mathematik und Physik II, 43: 93-104, 1898.

[ghosh84] A. Ghosh. Velocity dependent inertial induction: An extension of Mach's principle. Pramana Journal of Physics, 23: L671-L674, 1984.

[ghosh86] A. Ghosh. Velocity-dependent inertial induction and secular retardation of the earth's rotation. Pramana Journal of Physics, 26: 1-8, 1986.

[ghosh93] A. Ghosh. Astrophysical and cosmological consequences of velocity-dependent inertial induction. In: H. Arp, R. Keys, and K. Rudnicki (eds.), Progress in New Cosmologies: Beyond the Big Bang, pp. 305-326, New York, 1993. Plenum Press.

[graneauassis94] P. Graneau and A. K. T. Assis. Kirchhoff on the motion of electricity in conductors. Apeiron, 19: 19-25, 1994.

[graneaugraneau93] P. Graneau and N. Graneau. Newton Versus Einstein - How Matter Interacts with Matter. Carlton Press, New York, 1993.

[graneau85] P. Graneau, Ampere-Neumann Electrodynamic of Metals. Hadronic Press, Nonantum, 1985.

[graneau90a] P. Graneau. The riddle of inertia. Electronics and Wireless World, 96: 60-62, 1990.

[graneau90b] P. Graneau. Far-action versus contact action. Speculations in Science and Technology, 13: 191-201, 1990.

[graneua90c] P. Graneau. Interconnecting action-at-a-distance. Physics Essays, 3: 340-343, 1990.

[graneau90d] P. Graneau. Some cosmological consequences of Mach's principle. Hadronic Journal Supplement, 5: 335-349, 1990.

[graneau90e] P. Graneau. Has the mistery of inertia been solved? In: U. Bartocci and J. P. Wesley (eds.), Proceedings of the Conference on Foundations of Mathematics and Physics, pp. 129-136, Blumberg, Germany, 1990. Benjamin Wesley Publisher.

[hayden95] H. C. Hayden. Special relativity: problems and alternatives. Physics Essays, 8: 366-374, 1995.

[heaviside89] O. Heaviside. On the electromagnetic effects due to the motion of electrification through a dielectric. Philosophical Magazine, 27: 324-339, 1889.

[heering92] P. Heering. On Coulomb's inverse square law. American Journal of Physics, 60: 988-994, 1992.

[helmholtz72] H. von Helmholtz. On the theory of electrodynamics. Philosophical Magazine, 44: 530-537, 1872.

[hofmann95] W. Hofmann. Motion and inertia. In: J. B. Barbour and H. Pfister (eds.), Mach's Principle, From Newton's Bucket to Quantum Gravity, pp. 128-133, Boston, 1995. Birkhäuser.

[hubble37] E. Hubble. The Observational Approach to Cosmology. Clarendon Press, Oxford, 1937.

[hubble42] E. Hubble. The problem of the expanding universe. American Scientist, 30: 99-115, 1942.

[hubble58] E. Hubble. The Realm of the Nebulae. Dover, New York, 1958.

[jaakkola91] T. Jaakkola. Electro-gravitational coupling: Empirical and theoretical arguments. Apeiron, 9-10: 76-90, 1991.

[koyre86] A. Koyré. Do Mundo Fechado ao Universo Infinito. Forense Universitária, Rio de Janeiro, 2ª edição, 1986. Tradução de D. M. Garschagen.

[kuhn82] T. S. Kuhn. A Estrutura das Revoluções Científicas, volume 115 da Coleção Debates. Editora Perspectiva, São Paulo, 1982.

[laviolette86] P. A. LaViolette. Is the universe really expanding? Astrophysical Journal, 301: 544-553, 1986.

[leibniz89] G. W. Leibniz. Philosophical Essays. Hackett Publishing Company, Indianapolis, 1989. Editado e traduzido por R. Ariew e D. Garber.

[leibnizclarke83] G. W. Leibniz. Correspondência com Clarke. In: Coleção "Os Pensadores", volume de "Newton e Leibniz", Abril Cultural, São Paulo, 1983. Tradução e notas de C. L. de Mattos.

[leibnizclarke84] H. G. Alexander (ed.). The Leibniz-Clarke Correspondence. Manchester University Press, Manchester, 1984.

[lensethirring18] J. Lense and H. Thirring. Über den einfluss der eigenrotation der zentralkörper auf die bewegung der planeten und monde nach der Einsteinschen gravitationstheorie. Physikalische Zeitschrift, 19: 156-163, 1918.

[lorentz15] H. A. Lorentz. The Theory of Electrons. Teubner, Leipzig, 2ª edição, 1915. Reprinted in Selected Works of H. A. Lorentz, vol. 5, N. J. Nersessian (ed.), Palm Publications, Nieuwerkerk, 1987.

[lorentz31] H. A. Lorentz. Lectures on Theoretical Physics, volume 3. MacMilan, London, 1931.

[lorentz78] H. A. Lorentz. A experiência interferencial de Michelson. In: A. Einstein, H. Lorentz, H. Weyl e H. Minkowski, O Princípio da Relatividade, pp. 5-11, Lisboa, 2ª edição, 1978. Fundação Calouste Gulbenkian.

[lucie79] P. Lucie. Física Básica - Mecânica 1. Editora Campus, Rio de Janeiro, 1979.

[mach26] E. Mach. The Principles of Physical Optics - An Historical and Philosophical Treatment. E. P. Dutton and Company, New York, 1926. Reprinted by Dover, New York, 1953.

[mach60] E. Mach. The Science of Mechanics - A Critical and Historical Account of Its Development. Open Court, La Salle, 1960.

[mach81] E. Mach. History and Root of the Principle of the Conservation of Energy. In: I. B. Cohen (ed.), The Conservation of Energy and the Principle of Least Action, New York, 1981. Arno Press. Reprint of 1911 English translation.

[marmetreber89] P. Marmet and G. Reber. Cosmic matter and the nonexpanding universe. IEEE Transactions on Plasma Science, 17: 264-269, 1989.

[mashhoonhehltheiss84] B. Mashhoon, F. H. Hehl and D. S. Theiss. On the gravitational effects of rotating masses: the Thirring-Lense papers. General Relativity and Gravitation, 16: 711-750, 1984.

[maxwell54] J. C. Maxwell. A Treatise on Electricity and Magnetism. Dover, New York, 1954.

[mehra87] J. Mehra. Erwin Schrödinger and the rise of wave mechanics. II. The creation of wave mechanics. Foundations of Physics, 17: 1141-1188, 1987.

[mehrarechenberg87] J. Mehra and H. Rechenberg. The Historical Development of Quantum Theory, volume 5: Erwin Schrödinger and the Rise of Wave Mechanics. Part 2. Springer, New York, 1987.

[miller81] A. I. Miller. Albert Einstein's Special Theory of Relativity. Addison-Wesley, Reading, 1981.

[monti96] R. A. Monti. Theory of relativity: a critical analysis. Physics Essays, 9: 238-260, 1996.

[nagelnewman73] E. Nagel and J. R. Newman. Prova de Gödel, volume 75 da Coleção Debates. Editora Perspectiva, São Paulo, 1973. Tradução de G. K. Guinsburg.

[nernst37] W. Nernst. Weitere prüfung der annahne eines stationären zustandes im weltall. Zeitschrift fur Physik, 106: 633-661, 1937.

[nernst38] W. Nernst. Die strahlungstemperatur des universums. Annalen der Physik, 32: 44-48, 1938.

[nernst95a] W. Nernst. Further investigation of the stationary universe hypothesis. Apeiron, 2: 58-71, 1995.

[nernst95b] W. Nernst. The radiation temperature of the universe. Apeiron, 2: 86-87, 1995.

[nevesassis95] M. C. D. Neves and A. K. T. Assis. The Compton effect as an explanation for the cosmological redshift. Quarterly Journal of the Royal Astronomical Society, 36: 279-280, 1995.

[newton34] I. Newton. Mathematical Principles of Natural Philosophy. University of California Press, Berkeley, 1934. Cajori edition.

[newton90] I. Newton. Principia - Princípios Matemáticos de Filosofia Natural, volume 1. Nova Stella/Edusp, São Paulo, 1990. Tradução de T. Ricci, L. G. Brunet, S. T. Gehring e M. H. C. Célia.

[newton96] I. Newton. Óptica. Editora da Universidade de São Paulo - Edusp, São Paulo, 1996. Tradução, introdução e notas de A. K. T. Assis. ISBN: 85-314-0340-5.

[north65] North, J. D. The Measure of the Universe - A History of Modern Cosmology. Clarendon Press, Oxford, 1965.

[norton95] J. D. Norton. Mach's principle before Einstein. In: J. B. Barbour and H. Pfister (eds.), Mach's Principle - From Newton's Bucket to Quantum Gravity, pp. 9-57, Boston, 1995. Birkhäuser.

[orahilly65] A. O'Rahilly. Electromagnetic Theory - A Critical Examination of Fundamentals. Dover, New York, 1965.

[pais82] A. Pais. "Subtle is the Lord..." - The Science and the Life of Albert Einstein. Oxford University Press, Oxford, 1982.

[penziaswilson65] A. A. Penzias and R. W. Wilson. A measurement of excess antenna temperature at 4080 Mc/s. Astrophysical Journal, 142: 419-421, 1965.

[pfister95] H. Pfister. Dragging effects near rotating bodies and in cosmological models. In: J. B. Barbour and H. Pfister (eds.), Mach's Principle - From Newton's Bucket to Quantum Gravity, pp. 315-331, Boston, 1995. Birkhäuser.

[phipps96] T. E. Phipps Jr. Clock rates in a machian universe. Toth-Maatian Review, 13: 5910-5917, 1996.

[poincare53] H. Poincaré. Les limites de la loi de Newton. Bulletin Astronomique, 17: 121-269, 1953.

[popper53] K. R. Popper. A note on Berkeley as precursor of Mach. British Journal for the Philosophy of Science, 4: 26-36, 1953.

[raine81] D. J. Raine. Mach's principle and space-time structure. Reports on Progress in Physics, 44: 1151-1195, 1981.

[reber77] G. Reber. Endless, boundless, stable universe. University of Tasmania Occasional Paper, 9: 1-18, 1977.

[reber86] G. Reber. Intergalactic plasma. IEEE Transactions on Plasma Science, PS-14: 678-682, 1986.

[regener33] E. Regener. Der energiestrom der ultrastrahlung. Zeistchrift fur Physik, 80: 666-669, 1933.

[regener95] E. Regener. The energy flux of cosmic rays. Apeiron, 2: 85-86, 1995.

[reinhardt73] M. Reinhardt. Mach's principle - A critical review. Zeitschritte fur Naturforschung A, 28: 529-537, 1973.

[reissner14] H. Reissner. Über die relativität der beschleunigungen in der mechanki. Physicalische Zeitschrift, 15: 371-375, 1914.

[reissner15] H. Reissner. Über eine möglichkeit die gravitation als unmittelbare folge der relativität der trägheit abzuleiten. Physikalishe Zeistschrift, 16: 179-185, 1915.

[reissner95a] H. Reissner. On the relativity of accelerations in mechanics. In: J. B. Barbour and H. Pfister (eds.), Mach's Principle, From Newton's Bucket to Quantum Gravity, pp. 134-142, Boston, 1995. Birkhäuser.

[reissner95b] H. Reissner. On a possibility of deriving gravitation as a direct consequence of the relativity of inertia. In: J. B. Barbour and H. Pfister (eds.), Mach's Principle - From Newton's Bucket to Quantum Gravity, pp. 143-146, Boston, 1995. Birkhäuser.

[roemer35] O. Roemer. The velocity of light. In: W. F. Magie (ed.), A Source Book in Physics, pp. 335-337, New York, 1935. McGraw-Hill.

[sarton31] G. Sarton. Discovery of aberration of light. Isis, 6: 233-239, 1931.

[schiff64] L. I. Schiff. Observational basis of Mach's principle. Reviews of Modern Physics, 36: 510-511, 1964.

[schrodinger25] E. Schrödinger. Die erfüllbarkeit der relativtätsforderung in der klassischen mechanik. Annalen der Physik, 77: 325-336, 1925.

[schrodinger95] E. Schrödinger. The possibility of fulfillment of the relativity requirement in classical mechanics. In: J. B. Barbour and H. Pfister (eds.), Mach's Principle - From Newton's Bucket to Quantum Gravity, pp. 147-158, Boston, 1995. Birkhäuser.

[sciama53] D. W. Sciama. On the origin of inertia. Monthly Notices of the Royal Astronomical Society, 113: 34-42, 1953.

[seeliger17] H. Seeliger. Bemerkung zu P. Gerbers aufsatz: "Die fortplanzungsgeschwindligkeit der gravitation". Annalen der Physik, 53: 31-32, 1917.

[symon82] K. R. Symon. Mecânica. Editora Campus, Rio de Janeiro, 5ª edição, 1982.

[taton78] R. Taton (ed.). Roemer et la Vitesse de la Lumière. J. Vrin, Paris, 1978.

[thirring18] H. Thirring. Über die wirkung rotierender ferner massen in der Einsteinschen gravitationstheorie. Physikalische Zeitschrift, 19: 33-39, 1918.

[thirring21] H. Thirring. Berichtigung zu meiner arbeit: "Über die wirkung rotierender ferner massen in der Einsteinschen gravitationstheorie". Physikalische Zeitschrift, 22: 29-30, 1921.

[tolchelnikova-murri92] S. A. Tolchelnikova-Murri. A new way to determine the velocity of the solar system. Galilean Electrodynamics, 3: 72-75, 1992.

[tricker65] R. A. R. Tricker. Early Electrodynamics - The First Law of Circulation. Pergamon, New York, 1965.

[weber46] W. Weber. Elektrodynamische maassbestimmungen über ein allgemeines grundgesetz der elektrischen wirkung. Abhandlungen bei Begründung der Königl. Sächs. Gesellschaft der Wissenschaften am Tage der zweeihundertjährigen Geburtstagfeirer Leibnizen's herausgegeben von der Fürstl. Jablonowskischen Gesellschaft (Leipzig), pp. 211-378, 1846. Reprinted in Wilhelm Weber's Werke, Springer, Berlin, 1893, vol. 3, pp. 25-214.

[weber48] W. Weber. Elektrodynamische maassbestimmungen. Annalen der Physik, 73: 193-240, 1848.

[weber66] W. Weber. On the measurement of electro-dynamic forces. In: R. Taylor (ed.), Scientific Memoirs, vol. 5, pp. 489-529, New York, 1966. Johnson Reprint Corporation.

[wesley90] J. P. Wesley. Weber electrodynamics, Part III. Mechanics, gravitation. Foundations of Physics Letters, 3: 581-605, 1990.

[wesley91] J. P. Wesley. Selected Topics in Advanced Fundamental Physics. Benjamin Wesley Publisher, Blumberg, 1991.

[whitrow53] G. J. Whitrow. Berkeley's philosophy of motion. British Journal for the Philosophy of Science, 4: 37-45, 1953.

[whittaker73] E. T. Whittaker. A History of the Theories of Aether and Electricity, volume 1: The Classical Theories. Humanities Press, New York, 1973.

[wise81] M. N. Wise. German concepts of force, energy, and the electromagnetic ether: 1845-1880. In: G. N. Canter and M. J. S. Hodge (eds.), Conceptions of Ether - Studies in the History of Ether Theories 1740-1900, pp. 269-307, Cambridge, 1981. Cambridge University Press.

[woodruff68] A. E. Woodruff. The contributions of Hermann von Helmholtz to electrodynamics. Isis, 59: 300-311, 1968.

[woodruff76] A. E. Woodruff. Weber, Wilhelm Eduard. In: C. C. Gillispie (ed.), Dictionary of Scientific Biography, vol. 14, pp. 203-209, New York, 1976. Scribner.

[xavierassis94] A. L. Xavier Jr. and A. K. T. Assis. O cumprimento do postulado de relatividade na mecânica clássica - Uma tradução comentada de um texto de Erwin Schrödinger sobre o princípio de Mach. Revista da Sociedade Brasileira de História da Ciência, 12: 3-18, 1994.

[yourgrauvandermerwe68] W. Yourgrau and A. van der Merwe. Did Ernst Mach "miss the target"? Synthese, 18: 234-250, 1968.

[zylbersztajn94] A. Zylbersztajn. Newton's absolute space, Mach's principle and the possible reality of fictitious forces. European Journal of Physics, 15: 1-8, 1994.

COLEÇÃO BIG BANG

Uma Nova Física
André Koch Torres Assis
Diálogo sobre o Conhecimento
Paul K. Feyerabend
O Universo Vermelho
Halton Arp
Dicionário de Filosofia
Mario Bunge
Arteciência
Roland de Azeredo Campos